U0216894

绿色发展通识丛书
GENERAL BOOKS OF GREEN DEVELOPMENT

应该害怕纳米吗

［法］弗朗斯琳娜·玛拉诺／著

吴博／译

中国文联出版社
http://www.clapnet.cn

图书在版编目（ＣＩＰ）数据

应该害怕纳米吗 / (法) 弗朗斯琳娜·玛拉诺著；
吴博译. -- 北京：中国文联出版社, 2018.9
（绿色发展通识丛书）
ISBN 978-7-5190-3636-2

Ⅰ.①应… Ⅱ.①弗… ②吴… Ⅲ.①纳米技术－研
究 Ⅳ.①TB383

中国版本图书馆CIP数据核字(2018)第225265号

著作权合同登记号：图字01-2017-5139

Originally published in France as : Faut-il avoir peur des nanos ? by Francelyne Marano
©Libella, Paris, 2016
Current Chinese language translation rights arranged through Divas International, Paris / 巴黎
迪法国际版权代理

应该害怕纳米吗

YINGGAI HAIPA NAMI MA

作　者：[法] 弗朗斯琳娜·玛拉诺
译　者：吴 博

出版人：朱 庆	终审人：朱 庆
责任编辑：冯 巍	复审人：闫 翔
责任译校：黄黎娜	责任校对：任佳怡
封面设计：谭 锴	责任印制：陈 晨

出版发行：中国文联出版社
地　　址：北京市朝阳区农展馆南里10号，100125
电　　话：010-85923076（咨询）85923000（编务）85923020（邮购）
传　　真：010-85923000（总编室），010-85923020（发行部）
网　　址：http://www.clapnet.cn　　　　http://www.claplus.cn
E-mail：clap@clapnet.cn　　　　　　fengwei@clapnet.cn

印　　刷：中煤（北京）印务有限公司
装　　订：中煤（北京）印务有限公司
法律顾问：北京市德鸿律师事务所王振勇律师
本书如有破损、缺页、装订错误，请与本社联系调换

开　本：720×1010	1/16
字　数：59千字	印　张：7.5
版　次：2018年9月第1版	印　次：2018年9月第1次印刷
书　号：ISBN 978-7-5190-3636-2	
定　价：30.00元	

版权所有　翻印必究

"绿色发展通识丛书"总序一

洛朗·法比尤斯

1862 年，维克多·雨果写道："如果自然是天意，那么社会则是人为。"这不仅仅是一句简单的箴言，更是一声有力的号召，警醒所有政治家和公民，面对地球家园和子孙后代，他们能享有的权利，以及必须履行的义务。自然提供物质财富，社会则提供社会、道德和经济财富。前者应由后者来捍卫。

我有幸担任巴黎气候大会（COP21）的主席。大会于 2015 年 12 月落幕，并达成了一项协定，而中国的批准使这项协议变得更加有力。我们应为此祝贺，并心怀希望，因为地球的未来很大程度上受到中国的影响。对环境的关心跨越了各个学科，关乎生活的各个领域，并超越了差异。这是一种价值观，更是一种意识，需要将之唤醒、进行培养并加以维系。

四十年来（或者说第一次石油危机以来），法国出现、形成并发展了自己的环境思想。今天，公民的生态意识越来越强。众多环境组织和优秀作品推动了改变的进程，并促使创新的公共政策得到落实。法国愿成为环保之路的先行者。

2016 年"中法环境月"之际，法国驻华大使馆采取了一系列措施，推动环境类书籍的出版。使馆为年轻译者组织环境主题翻译培训之后，又制作了一本书目手册，收录了法国思想界最具代表性的 40 本书籍，以供译成中文。

中国立即做出了响应。得益于中国文联出版社的积极参与，"绿色发展通识丛书"将在中国出版。丛书汇集了 40 本非虚构类作品，代表了法国对生态和环境的分析和思考。

让我们翻译、阅读并倾听这些记者、科学家、学者、政治家、哲学家和相关专家：因为他们有话要说。正因如此，我要感谢中国文联出版社，使他们的声音得以在中国传播。

中法两国受到同样信念的鼓舞，将为我们的未来尽一切努力。我衷心呼吁，继续深化这一合作，保卫我们共同的家园。

如果你心怀他人，那么这一信念将不可撼动。地球是一份馈赠和宝藏，她从不理应属于我们，她需要我们去珍惜、去与远友近邻分享、去向子孙后代传承。

2017 年 7 月 5 日

（作者为法国著名政治家，现任法国宪法委员会主席、原巴黎气候变化大会主席，曾任法国政府总理、法国国民议会议长、法国社会党第一书记、法国经济财政和工业部部长、法国外交部部长）

"绿色发展通识丛书"总序二

铁凝

　　这套由中国文联出版社策划的"绿色发展通识丛书",从法国数十家出版机构引进版权并翻译成中文出版,内容包括记者、科学家、学者、政治家、哲学家和各领域的专家关于生态环境的独到思考。丛书内涵丰富亦有规模,是文联出版人践行社会责任,倡导绿色发展,推介国际环境治理先进经验,提升国人环保意识的一次有益实践。首批出版的40种图书得到了法国驻华大使馆、中国文学艺术基金会和社会各界的支持。诸位译者在共同理念的感召下辛勤工作,使中译本得以顺利面世。

　　中华民族"天人合一"的传统理念、人与自然和谐相处的当代追求,是我们尊重自然、顺应自然、保护自然的思想基础。在今天,"绿色发展"已经成为中国国家战略的"五大发展理念"之一。中国国家主席习近平关于"绿水青山就是金山银山"等一系列论述,关于人与自然构成"生命共同体"的思想,深刻阐释了建设生态文明是关系人民福祉、关系民族未来、造福子孙后代的大计。"绿色发展通识丛书"既表达了作者们对生态环境的分析和思考,也呼应了"绿水青山就是金山银山"的绿色发展理念。我相信,这一系列图书的出版对呼唤全民生态文明意识,推动绿色发展方式和生活方式具有十分积极的意义。

20 世纪美国自然文学作家亨利·贝斯顿曾说:"支撑人类生活的那些诸如尊严、美丽及诗意的古老价值就是出自大自然的灵感。它们产生于自然世界的神秘与美丽。"长期以来,为了让天更蓝、山更绿、水更清、环境更优美,为了自然和人类这互为依存的生命共同体更加健康、更加富有尊严,中国一大批文艺家发挥社会公众人物的影响力、感召力,积极投身生态文明公益事业,以自身行动引领公众善待大自然和珍爱环境的生活方式。藉此"绿色发展通识丛书"出版之际,期待我们的作家、艺术家进一步积极投身多种形式的生态文明公益活动,自觉推动全社会形成绿色发展方式和生活方式,推动"绿色发展"理念成为"地球村"的共同实践,为保护我们共同的家园做出贡献。

　　中华文化源远流长,世界文明同理连枝,文明因交流而多彩,文明因互鉴而丰富。在"绿色发展通识丛书"出版之际,更希望文联出版人进一步参与中法文化交流和国际文化交流与传播,扩展出版人的视野,围绕破解包括气候变化在内的人类共同难题,把中华文化中具有当代价值和世界意义的思想资源发掘出来,传播出去,为构建人类文明共同体、推进人类文明的发展进步做出应有的贡献。

　　珍重地球家园,机智而有效地扼制环境危机的脚步,是人类社会的共同事业。如果地球家园真正的美来自一种持续感、一种深层的生态感,一个自然有序的世界,一种整体共生的优雅,就让我们以此共勉。

2017 年 8 月 24 日

（作者为中国文学艺术界联合会主席、中国作家协会主席）

目录

序言

我们是否有能力从科学技术中选择能够提高生活质量的元素，远离危害生活的元素呢？

——戴维·巴尔的摩（David Baltimore）

1975 年诺贝尔生理学或医学奖获得者

序言

20世纪末，一些企业家预见到纳米科技的发展前景，认为这种技术可以催生革命性的创新产品，提出了"纳米"这一词汇。今天，"纳米"已经进入了日常用语之中。"纳米"这一词前缀①由此被赋予了"高度现代化"的含义，出现了"纳米机器""纳米实验室""纳米芯片""纳米药品""纳米化妆品"等各种说法。千姿百态的纳米材料共同构建了纳米世界。"nano"（纳米）源于古希腊语，表示"矮小、微小"，科学工作者使用这个词表示十亿分之一米的长度："一纳米与一米，这两个长度单位的比例相当于一个花园矮人②的身高与地球到月球距离的比例。"大概是这个形象的定义激发了瑞士广告商的创意，推出了名为"纳米"的微型玩具，在学校的孩子中间掀起了一股流行风潮！

其实，人们对于纳米科技的迷恋远远早于那场微型玩具风潮。从20世纪50年代开始，物理学、化学、材料科学、

---

① nano（纳米）在法语中属于词前缀，与其他单词可以组合成"纳米……"的新词。——译者注

② 花园矮人是欧洲家庭院落中的彩色陶瓷饰品，其形象就是童话里的小矮人。——译者注

电子科学几大学科引领的科技潮流便开始探索在纳米层级上的物质特性，也就是极度微小、原子层面的物质特性。不论是没有生命的矿物质还是有生命的有机体，其原子都能够在纳米层级上相互连接组合，成为形状不同、大小各异的分子。正是这些分子构成了令人瞠目、丰富多彩的生物圈。

为什么科学家对纳米科技的热情能够感染工业巨头、政治领袖，让他们觉得自己绝不应该错过这场新兴的工业革命呢？因为在纳米层级上，原子具备非常特殊的性质。一块金属外表看起来静止不动，实际上它的原子始终处于活跃状态：根据周围温度的不同和所处环境的不同（固态环境、液态环境、气态环境），原子彼此吸引、相互排斥，可以排列成直线，也可以组合成立方体、薄片、球形等形状。在顶尖的科学杂志上，基础科学的发现开启了丰富多彩、奇幻瑰丽的纳米世界大门，人们深深为之吸引。1996 年，诺贝尔化学奖颁发给了哈罗德·克罗托（Harold Kroto）、罗伯特·柯尔（Robert Curl）、理查德·斯莫利（Richard Smalley）三位美国化学家，表彰他们发现了天然纳米粒子富勒烯（Fullerène）中碳原子自动调整结构的能力，以及他们凭借扫描隧道显微镜揭示出富勒烯足球状结构的研究成果。这种无机纳米粒子有能力像有机物一样调整结构。这一发现激发了无穷的想象，其中一些已经属于科学幻想①，比如纳米粒子变成无限增殖的纳米机器人杀手。

只需掌握这些特殊性质，就可以生产功能千变万化的纳米粒子。在电子领域，可以提高电脑与智能手机的运算能力；在新材料领域，可以生产更轻、更坚固的网球拍或者汽车；在化妆品领域，可以让产品保护肌肤免受紫外线的侵害；在表面自动清洁处理领域、服装领域、医药领域、视频领域，等等，也有所应用。这场新技术革命将在数不胜数的产业中引发惊天动地的变化！纳米科技是基础研究的成果，它以令人炫目的速度拓展开来，人们根本来不及思考这种科技会如何改变世界。纳米科技的相关发现和专利的竞争迅速变得激烈异常，各国争相占据领军地位。在 20 世纪末，美国为纳米科学的投资占世界首位，紧随其后的是欧洲各国和亚洲的日本、韩国、中国、印度。法国拥有完备的实验室网络"西-纳米"（les C'Nano），囊括了所有重要的科研中心，以及 2006 年在格勒诺布尔市（Grenoble）成立的微型与纳米科技科研中心（Minatec）。

---

① 这种幻想出自美国作家迈克尔·克莱顿（Michael Crichton）的科幻小说《猎物》（*La Proie*），罗贝尔·拉丰（Robert Laffont）出版社，2003 年。

然而，该国际科研中心成立之初就引起了格勒诺布尔市"零件与劳动力"协会（Pièces et main-d'œuvre）支持的强烈的民众抗议，以及其他的民间协会几近强烈的抵制。抗议的原因显而易见：在纳米科学发现欣欣向荣、应用技术蓬勃发展的景象背后，一些重要问题仍然没有得到解答。一些科学家、毒理学家对纳米粒子及其对人类健康的影响知之甚深，他们在纳米科技热潮兴起之初就提出了质疑。肯·唐纳森（Ken Donaldson）与冈特·奥拜尔德斯特（Günter Oberdörster）是首批提出质疑的科学家。他们分别于 2004 年和 2005 年在最主流的科学杂志上呼吁要当心纳米科技，指出人们对这种新科技带来的危险估计不足，对人工合成纳米粒子，即因商业目的制造的纳米粒子的潜在危险没有全面的认识。另外，他们还指出人们熟知的硅粒子、炭黑粒子、石棉粒子以及大气中的微粒与人工合成纳米粒子相同，可以产生类似的危害，并把这种新型毒理学命名为"纳米毒理学"（nanotoxicologie）。实际上，毒理学并不像普通民众想象的那样属于全新学科。这门科学存在坚实的理论基础，这些理论已经确立，其中一部分甚至可以回溯到 20 世纪初期。流行病学科的试验性研究认为，纳米粒子的性质不明，矿工、生产车间工人、受污染城市（交通工具、取暖、工业废气造成的污染）的居民深受其害。面对各种真实可信的数据，我们应该预防当年石棉造成的悲剧①重演！毒理学家对纳米科技的忧虑不无道理：在开发新产品，尤其是直接关系到消费者利益即民众利益的产品时，绝不可以毫无戒备地盲目推进，必须评估其对人类和环境的危害。

此外，相关的哲学、伦理学问题同样值得思考：工业巨头宣称的革命性新产品是否真的必不可少呢？在开发这些产品之前是否验证过这些材料是否有用？有些纳米科技的应用会不会从本质上改变人类？"强化人"（homme augmenté）的概念应运而生，有些概念甚至可以用"疯狂"来形容，比如通过一些应用科技可能制造出超级人类。纳米科技的确在医疗领域展示了充满希望的未来：特效新药能够针对性很强地治疗患病器官，提供更精确的新诊断工具，修复受损器官的新系统，种类繁多的医疗产品都能够得以研发。但是，这些医疗科技的发展限度在何处？

在法国，迈入 21 世纪后公众舆论才开始关注关于纳米科技的争议和矛盾，并就此主题召开过若干次民间研讨会。2007 年的法国环境问题圆桌会议（Grenelle de l'environnement）

---

① 这里所说的悲剧是指法国的"石棉丑闻"。石棉是一种重要建筑材料，政府在 1945 年左右就已经知道石棉对人体健康的严重危害，但为了发展经济以及维护石棉工业的利益，直到 1975 年媒体曝光之后，才采取措施保护民众。——译者注

期间，在法国自然环境协会（France Nature Environnement）等组织的要求下，与会者开展了一系列讨论。讨论本应该是科学工作者、企业代表、公权部门、民间协会等各方人士聚首的机会，本应该相互尊重、交换意见，成就一次参与性公众活动的典范。但实际上，一些狂热的环保人士高呼这次会议和讨论不过是假象，甚至通过暴力阻止会议的召开，公众根本没有机会充分了解各方人士的观点。这令真心希望通过这次会议建立对话、阐述自己观点的科研工作者抱憾不已。那场激烈的争论距今已经有好几年了，但当媒体报道各种相关事件[①]时，类似的争论仍不时重现。

对纳米科技究竟应该抱何种态度？正如在法国展开的讨论所希望的那样，公众应该就此问题提出自己的观点，权衡利弊，评价纳米科技带来的实际进步，剔除无用的担忧。聆听各方意见，不要咒骂，不要偏袒，用开放的态度去接纳，把真正的民主精神发扬光大，这才是人们所希望见到的景象。

---

① 比如，2015年在一个电视访谈节目中，著名环保人士若泽·博韦（José Bové）对着镜头挥舞着一包纳米糖果。

第1章　何为纳米世界？

　　人们很早以前就通晓物质的化学组成以及支配物质世界的法则，但由于缺少适当的工具，科学家关注纳米层级世界的历史并不长。随着物理科技的发展，电子显微镜、扫描隧道显微镜[①]诞生了，物理学家现在可以"看到"原子，观察到无机物质的结构组成。

　　同时，化学家们对物质微粒、胶体的性质也有了更加深入的了解。这些微粒、胶体在自然界、在纳米层级广泛存在，如河水中悬浮的黏土、牛奶中的微型颗粒、

---

　　① 海因里希·罗雷尔（Heinrich Rohrer）和格尔德·宾宁（Gerd Binnig）于1981年发明了扫描隧道显微镜。使用这种显微镜时，探针的针尖移动到要观察的物质表面，在针尖和被观察物质的原子之间形成电流，可以显示物质的表面结构与内部组织。扫描隧道显微镜的另一种变体是原子力显微镜，这种显微镜能够探测到探针针尖对原子的引力。

对红酒口味至关重要的色素微粒。在调制蛋黄酱和巧克力慕斯的时候，可能没人会想到这些悬浮的胶体里包含有纳米粒子。了解这些胶体的性质以及从原子层面上进行观测，在一个崭新的知识领域的发展中，即纳米科学的发展中扮演着重要角色。

自 20 世纪中叶开始，物理、化学领域的科研工作者积累了大量物质在纳米层级特性的数据。但直到 1959 年，美国物理学家理查德·费曼（Richard Feynman）的大声疾呼，才让人们意识到纳米世界存在的无穷潜力。理查德·费曼在美国物理学会（American Physical Society）上提出了一个当时看来完全疯狂的主张："为什么不把《大英百科全书》的全部二十四卷内容收纳在大头针针尖上呢？"在这个顶尖物理学家齐聚一堂的学会上提出这样的呼吁看起来好像是在开玩笑，但他的实际目的是请人们认识到在极度微小的层级，即纳米层级上，可以开发出无穷的潜力。费曼认为应该建立一个"神圣同盟"，也就是一个包含物理、化学、生物学科在内的跨界联盟，这样才能够创造出彻底颠覆现有科技的新工具。尽管费曼由于量子化学基础研究方面的贡献在 1965 年荣获诺贝尔物理学奖，但他的呼吁并没有得到关注。显然，他的理论在那个时代过于领先。

直到十五年后，纳米科学的概念才真正地浮出水面。1974 年，东京大学教授谷口纪男第一次使用了"纳米科技"一词。20 世纪 80 年代，麻省理工学院工程师金·埃里克·德雷克斯勒推广了这一词汇[1]。

从寻找合适定义的问题说起

如何定义在纳米科技中使用的纳米粒子，需要考虑到各种标准：

- 物体大小为纳米层级；
- 人工特性，即该纳米粒子是为了研究目的或者工业实用目的而制造的（人工合成纳米粒子）；
- 属于其纳米体积的特性。

定义问题引起了激烈的讨论，直到 2011 年 10 月 11 日，欧盟委员会才给出了以下定义，即纳米材料是"偶

---

[1] 金·埃里克·德雷克斯勒（K. Eric Drexler）：《创作引擎：纳米科技的降临》（*Engins de création : l'avènement des nanotechnologies*），维贝尔（Vuibert）出版社，2005 年。

然形成或者人工制造、包含自由粒子的天然材料，以聚合体或者集块形式呈现。50% 的粒子在长、宽、高三个维度中有 1~3 个维度的长短在 1~100 纳米之间"。

这个定义涵盖天然纳米材料和非主观意愿形成的纳米材料，即由于人类活动而产生的污染物，如交通、燃烧、取暖、工厂废气所产生的微粒。不过，部分专家希望把这些人类活动产生的污染物和人工合成的纳米材料区分开，他们使用术语"极细微粒子"（particule ultrafine）指代非主观意愿形成的纳米粒子。这是关于纳米的第一场争论。

欧盟是根据"现有的科学知识"给出定义，但在区分纳米材料与其他材料的问题上始终存在众多空白与不明确之处。专家、企业游说集团和协会游说集团各方目的不同，很难达成一致，于是最终只能在各方"最低限度意见统一"的基础上进行定义，并且在 2014 年提议，根据今后科学的发展情况随时进行修订。与欧洲很多机构一样，欧盟于 2014 年筹备成立纳米科技定义工作组，然而至今仍未做出决定。对于欧盟以及欧洲各国决策机构来说，拥有一个明确细致的框架范围来制定法规至关重要！欧盟委员会在文件中写道："纳米的定义可以用于提供参考，确认某种材料是否属于立法和欧盟政策中规定的'纳米材料'。在欧盟立法中，'纳米材料'一词仅涉及组成材料粒子的大小，与材料可能带来的危险或者潜在风险无关。"这样的说辞引起公众的强烈不满！各种协会团体与专家立刻对该说法展开了暴风骤雨般的质疑与诘难。把100纳米和组成比例50%作为区分纳米材料的标准属于硬性规定，似乎只有各大企业对此表示满意。为了让公众更清楚地明确问题所在，科学家与非政府组织指出，纳米的特殊性质并不会止步于100纳米这个人为规定的界限，也不会停留在文件规定的纳米材料组成比例，他们希望定义中要考虑到纳米的其他典型性质。另外，各大企业希望官方给出的定义对自己的限制程度最低。后来定义的出台，的确满足了他们的要求。科学界、非政府组织、企业等就纳米的定义都提出了自己的论据，最后得出的结果和预估的一样，根本无法圆满解决问题。尽管如此，官方定义还是推动了发展。比如，法国在2013年规定"所有纳米性质材料在制造、进口、投入市场时"必须申报。

相关词汇

纳米（nm）是长度测量单位，相当于1米的十亿分之一（即10^{-9}米）。与所有极大尺寸与极小尺寸一样，人类很难想象纳米这一层级的实际情况。这里可以通过几个例子来解释一下纳米层级的大小：原子通常在0.1~0.4 纳米，脱氧核糖核酸（DNA）分子的直径为 2 纳米，病毒的大小在 10~100 纳米，细菌大小是 1 微米（见图 1）①，而 1 根人类头发的平均直径则为 50 微米到100 微米。

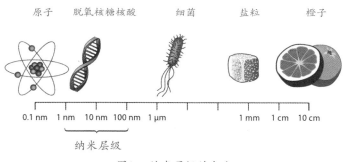

图1　纳米层级的大小

依据欧盟的官方定义，纳米粒子的层级处在 1 纳米到 100 纳米之间，最小的纳米粒子的体积是一个原子的10 倍，最大的纳米粒子的体积是细菌大小的十分之一。纳米粒子的体积是一粒盐的万分之一，是一个橙子的一百万分之一。

——————————————

① 1 微米（μm）等于 10^{-6} 米。

纳米科学（nanoscience）研究的是在若干纳米大小的物体上观察到的现象，因为纳米层级的物体具备特殊性质。

纳米科技（nanotechnologie）包含了可以操作于纳米层级物体的所有科学技术，涵盖了在纳米层级即小于100纳米层级上的结构、设备、系统的设计、特征构成、应用。

纳米材料（nanomatériaux）是依靠纳米科技生产的、主要有纳米架构的材料，其主要特点是尺寸小于100纳米。其中，不仅包含纳米物体（nano-objet）——自由纳米粒子、纳米粒子聚合体与集块、纳米管、纳米纤维，还包含表面或者核心具备纳米结构的材料。

纳米物体是原子的汇聚组合，长、宽、高三个维度中至少有一个符合纳米层级的尺寸。而"纳米粒子"专用于所有三个维度均小于100纳米的粒子，不过现在人们越来越多地用这一术语指代所有的纳米物体。研究纳米科学的物理学家要求用词准确，避免术语过度滥用。我们为了简化，仍然保留这种用法。欧盟用"纳米材料"这一词汇扩大了纳米物体和纳米结构材料的全部种类。需要指出的是，人们使用"极细微粒子"这一术语指代大气污染所产生的直径尺寸小于100纳米的粒子，而纳米粒子指代的是为了工业上的各种应用所制造合成的粒子。

纳米物体有哪些非凡特性？

纳米物体由特性各异的原子组成，如碳原子、银原子、金原子、钛原子、镉原子、锌原子等，而且通常以氧化物的形式存在。它们或者聚合在一起形成集合体，或者组成球状、管状、薄片、短棍状、立方体。有些天然纳米粒子存在于碳粉、金粉、银粉一类的粉末里，还有些纳米粒子是在人们非主观意愿驱使的情况下意外制造而得，比如车辆排放出来的柴油粒子。这里所讨论的纳米粒子则是来自科研工作者与工程师的设想，他们精确地生产出这些纳米粒子，并且在其中加入各种化学物质。

纳米物体的特殊性质与自身尺寸息息相关。一个 10 纳米的管状物体含有大约 25000 个原子，其中 20% 存在于管壁。构成纳米物体的原子总数与其表面积的比例具有决定意义，因为物体越小，其表面积与体积的比例越大，该物体与周围环境互相作用的能力就越强。路易·洛朗用以下非常生动的说法描述道："取出一个边长 1 厘米的立方体，其表面积是 6 平方厘米。如果把这个立方体切割成 1000 个小立方体，表面积总和为 60 平方厘米。如果继续切割，直至得到 10 亿乘 10 亿个每个边长 10 纳米的立方体，表面积总和为 600 平方米。物质变成极细粉末时具备一种基本性质，即表面积与其体积和重量的比例极其巨大。"①

纳米粒子能够以多种不同的形态存在，比如，球状（富勒烯、量子点）、管状（碳纳米管）、晶体（纳米钛、纳米银），如图2所示。

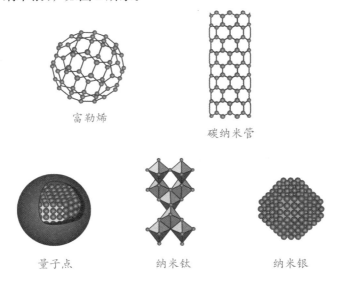

富勒烯　　　　　　碳纳米管

量子点　　　　纳米钛　　　　纳米银

图2　纳米粒子的存在形态

① 路易·洛朗（Louis Laurent）：《纳米层级》（*L'échelle nano*），载《纳米科学、纳米科技，演化还是革命？》（*Nanosciences et nanotechnologies. Evolution ou révolution ?*），让-米歇尔·鲁尔特兹（Jean-Michel Lourtioz）、马塞尔·拉玛尼（Marcel Lahmani）、克莱尔·都巴-阿拜尔兰（Claire Dupas-Haeberlin）、帕特里斯·艾思铎（Patrice Hesto)主编，贝兰（Belin）出版社，2014 年，第 20—36 页。

在这一层级中，纳米物体或者拥有新的化学特性，或者强化其原本的化学特性，由此，纳米科技在工业上存在各种各样的应用。比如，凭借强大的吸收紫外线（UV）特性（与体积大1000倍的"微型"粒子相比），纳米钛和纳米锌被加入防晒霜中作为保护性滤光成分。这种特性还能够把氧变成一种被称作"自由基"（radical libre）的高度活性分子，这种分子可以自动清洁建筑物的混凝土表面等各种材质，为其除污去垢。将自由基与橱窗玻璃一类惰性较强的材料混合，可用于表面自清洁处理。纳米钛可以改变惰性材料性质，令其亲水，这样水就不再附着在表面，从而实现自我清洁的目的。

纳米物体还可以与其他成分反应，组成各种不同的纳米结构，比如直线、网状、管状等结构。这些结构在纳米层级上可以传导电子，传递各种信号，可应用于电子和信息领域中。

另一个例子是碳纳米管。碳是铅笔芯中用到的矿物质，很容易粉碎、折断，但如果这种矿物由碳纳米管构成，那么这种碳就不能用到笔芯里书写，因为它会变得坚硬如铁。碳纳米管具有坚硬、轻盈的特点，还具备强大的传导电子与光子的能力，这些特性在工业诸多方面都有实际应用。

在纳米层级改变化学特性的另一种应用是增强与其他分子表面相互作用的能力，增强吸附① 这些分子的能力。这就是所谓的表面反应性，这种特性也被广泛使用于各种实际应用中。纳米粒子的这种特性对活体组织的干扰最为明显，所以一些纳米粒子具有毒性，尤其是一些金属纳米粒子。同时，部分纳米药物也是根据这种特性研发而成的。

古人在不知原理的情况下曾使用纳米粒子

远古时代的人们就已经凭借经验使用纳米粒子了，古罗马人发现用维苏威火山灰与石灰、水混合得到的灰浆重量轻且坚固，能够遮风挡雨，可以抵御地震。两千年后，美国伯克利实验室的科研人员获得了让工程师极感兴趣的发现：这种灰浆中含有纳米晶体，能够防止建筑出现微型裂痕，让灰浆具备非凡的强度。因此，古罗马万神殿、斗兽场等诸多建筑可以历经千年屹立不倒，并且保存完好。

另一种纳米特性的应用体现在玻璃处理中，比如莱

---

① 吸附是一种固体表面出现的化学现象，比如，会有原子或者分子或强或弱地固定在纳米粒子表面。需注意的是，不要把"吸附"与"吸收"二者混淆，"吸收"时原子或者分子会进入固体内部。

克格斯杯（Coupe de Lycurgue）[1]。古罗马人把玻璃和金粉、银粉混合，经过特殊工艺烧制后，随着光线入射角度的变化，杯子会呈现红色。这种技术也被用于哥特式大教堂的彩绘玻璃。意大利慕拉诺岛（Murano）凭借这个特性发展出制造"红宝石"玻璃的技术，产品的颜色深邃而美丽。在烧制玻璃的过程中，金原子和银原子组合构成纳米层级的晶体结构，随着入射角的变化会吸收相应波长的光线。

纳米粒子始终存在于自然中

自然纳米粒子

尽管人类从五十年前才开始发现纳米粒子的性质，但纳米粒子的存在可以追溯到地球诞生之初，跟火山形成的时间一样长。因为在火山爆发时，喷发到大气中的火山灰和气体其实是各种粒子，其中一小部分就是纳米粒子。这些纳米粒子的成分因火山构成成分的不同而不同。2010年3月，冰岛埃亚菲亚德拉冰盖火山（Eyjafjallajökull）喷发，火山灰在欧洲超过6000米

---

① 莱克格斯杯是一种古罗马杯，据考证于公元4世纪制成，现保存于大英博物馆。——译者注

的高空形成云层，而飞机恰好需要在这个高度飞行，火山灰严重影响了空运交通，所以在那一时期对航空运输进行了各种管控与限制。冰岛居民也对这些火山灰落下后可能对健康带来的影响担心不已。他们的忧虑并非空穴来风，因为25%的火山灰属于细微粒子和极细微粒子，也就是说直径在1微米到100纳米之间，主要成分是硅。大众对这种矿物质并不陌生，因为矿工的一种常见病——硅沉着病就是由这种矿物引起的。当时，世界卫生组织建议敏感人群要避免暴露在火山灰的下方。

一方面，很难衡量这些细微粒子和极细微粒子在火山灰中所占的比例，但可以肯定的是，根据火山爆发的强度推测，这些颗粒在大气中会存在很长时间。另一方面，火山喷发时向大气抛射数百万吨的物质，其所带来的对经济与健康的影响非常巨大。火山爆发会喷射燃烧的粒子，往往会引起森林火灾，同时导致环境污染。

美国圣艾伦（St-Helens）火山爆发

1980年5月18日，美国华盛顿州发生了20世纪最惊人的火山爆发。10分钟时间，一股烟柱在火山口升腾而起直至20米高空。这次火山爆发持续了将近9个小时，向大气中喷射了超过5.4亿吨颗粒！这些颗粒在美国四分之一的国土面积上弥漫，一直蔓延到中西部地区，而后在接下来的几个星期里，迅速扩展到全球。

人类始终要面对火山爆发以及这种自然现象所导致的空气污染问题。除此之外，天然纳米粒子的另一个重要来源是木料燃烧和森林火灾。有些森林火灾规模巨大，数万公顷森林在灰飞烟灭的同时会向大气释放细微粒子与极细微粒子，而且人类的其他活动也会向大气释放这些粒子。这类火灾很多都是由人为因素引起的，或者因为疏忽大意，或者因为沿袭祖先传下来放火烧荒的农耕传统。今天，气候变化在世界范围内扮演了重要角色。从 2015 年年初至今，美国加利福尼亚州超过 15000 公顷的森林被烧毁。美国与澳大利亚研究团队把 1979 年至 2013 年的气候参数与森林火灾建立关联，并指出在一些地区发生的令人担忧甚至灾难性的变化，其中包括美国西部盛产树脂地区的森林火灾事件。法国气象台为法国西南部建立的数学模型显示，在未来几年里，朗德（Landais）地区的危险越来越大："温度升高让树木的蒸腾作用更强，土地中的水含量降低。植被愈加干燥，火灾风险升高。如果火灾爆发，可燃烧物的数量已经变得多起来了。"假如火灾发生在人口密集的居住区附近，比如最近几年在美国加利福尼亚州或者 2010 年在俄罗斯森林发生的火灾，那么释放的大量极细微粒子会造成极其严重的后果。2010 年在莫斯科附近发生的火灾可能导致了 11000 人的过早离世。

另外，世界上越来越多的地区沙漠化会导致沙尘暴的出现，这也是产生天然纳米粒子的一个源头。撒哈拉沙漠、萨赫勒地区的风把红色沙土带到法国，把北部的阿尔卑斯山顶积雪染成了赭石色。这对于世界各地的沙漠来说仅仅是九牛一毛，带来沙土的地区还有美国的加利福尼亚、南美洲的阿尔蒂普拉诺、澳大利亚和印度的荒漠，以及中国的戈壁，这些地区都有沙尘暴肆虐。那些被风刮来的大颗粒物移动距离较近，相互堆积在一起形成沙丘。那些细微的颗粒则被上升气流吸走，可以被带到数千公里之外，然后随着降雨落在地面上。被带走的细微颗粒数量惊人，可以达到每年 10 亿~30 亿吨，其中三分之一来自撒哈拉沙漠。在沙尘暴中，空气中的粒子密度极大，可以达到每立方米 1500 微克。在欧洲，这方面的人体健康警戒线是每立方米 80 微克。敏感人群需要做好防护措施，因为空气中的细微颗粒危害巨大，其中有硅、铁等金属，如沙土的红色就来自铁。的确，极细微粒子在全部颗粒中所占比例不大，但由于颗粒总量惊人，需要配备合适的空气监测工具才能统计颗粒总量。

这些颗粒在大气中会停留多久呢？我们在呼吸的时候会把这些颗粒吸进体内吗？虽然当今存在各种测量工具，可以建立模型预测未来的情况，但这些问题仍然很难回答。这一切表明，人类从诞生之初起就要应对大气中纳米层级的极细微粒子问题，使自身适应环境。于是，有人利用这种论据，低估人类活动对产生微粒带来的影响，而不去关注这些微粒是人类意外制造的还是有意制造的。

纳米粒子在大气中自然形成

当 2010 年冰岛火山灰云飘到法国城市克莱蒙费朗上空时，一家法国实验室观察到，在云中由于冷凝形成的纳米粒子可以影响天气变化。能够观测到这样的现象多亏了观测工具日益精良，现在的观测工具可以更加准确地分析大气组成。这些所谓"附带形成"的纳米粒子依然是一个谜，它们通过各种各样的成分自然形成，不仅在火山灰云中出现，在日常生活的城市、森林空气中也会形成。这些纳米粒子是大气污染物化学变化的结果：交通产生的氮氧化物、工厂废气中的挥发性有机成分、树叶散发出的萜、春天施肥时散发的氨。在阳光明媚的天气里，各种物质混合的结果非常可怕，数十亿个附带形成的纳米粒子就此产生，促使污染高峰出现。在污染高峰期间，政府会发布卫生预警信息，提醒敏感人群注意。但是，我们每天呼吸的空气中都包含这些纳米粒子，它们会随风飘荡，移动到很远的地方，人们对这些情况却并不熟悉。

自从人们能够更加准确地测量这些纳米微粒，并且确定了它们在超过污染安全限度中的角色以后，相关的争论被大量媒体报道，法国生产谷物大平原的农民、荷兰园丁、德国农场主似乎都变成了春天某日巴黎空气污染的罪魁祸首，而眼前环城路上的滚滚车流却无人提及！在拥挤的街头，感冒的孩子不得不忍受排气管排出的汽车尾气，领着这些孩子散步的母亲往往意识不到这一点。不过，有时候大气中出现的硝酸盐纳米粒子的确与施肥关系密切，这些硝酸盐纳米粒子导致污染超过了警戒线。对于这种极细微粒子造成的污染非常难以应对，因为这些粒子的释放源头多种多样。为了大众的健康就要减少释放，需要让所有人都意识到这个问题。但是，各方存在利益冲突，政府为减少污染做出的决定难以切实地加以实施。

工业纳米粒子

纳米粒子有两种：一种是自然形成或者人类活动中无意造成的纳米粒子，另一种是物理学家、化学家人工制造、在实验室里合成的纳米粒子以及各大工业在生产实践中应用的纳米粒子。这两种纳米粒子有什么共同之处呢？

两者的相同点就是它们具有相似的大小和性质。人工合成的纳米粒子种类繁多，它们的工业应用也各种各样，其丰富程度堪比大商场商品目录里琳琅满目的商品！

美国伍德罗·威尔逊学院（Institut Woodrow Wilson）的新兴纳米科技统计计划（inventaire du Project on Emerging Nanotechnologies，PEN）定期提供国际上的相关信息。这是该学院的一个智囊机构，从 2005 年开始根据各个企业的公告清点使用纳米材料的商品。因为企业发布公告并非强制性的，所以我们认为纳米科技产品项目的公布数量要比实际数量低得多。2005 年至今，使用纳米材料的商品的发展令人瞠目，已经从早期的 50 多种增加到现在的约 2000 种商品，而且该机构公布的目录不一定全面。[①]

新兴纳米科技统计计划

美国伍德罗·威尔逊学院的新兴纳米科技统计计划开始于 2005 年，这是目前世界上唯一的统计目录，清点了所有生产企业公告中提到的使用纳米科技的商业化产品。该计划鼓励消费者也参与到这项工作中来。目录根据产品品种分类，指明产品的名称、用途、生产商或者

---

① 参见 www.nanotechproject.org/inventories/。

商业化该产品企业的名称，以及纳米材料的名称和产地。

2013 年年末，这个统计目录中列有国际市场上生产的 1628 款产品（见图 3），其中 440 款在欧洲生产（32 款在法国生产）。但早在 2010 年，根据法国国家工作、环境、食品卫生安全局（ANSES）的统计，在法国境内已经有 240 款产品在生产，只是这个名单[①]不便公开，而

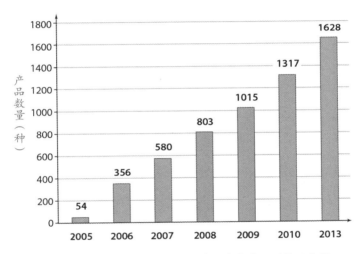

图3　2005—2013年包含纳米材料的消费产品增长示意图
（根据新兴纳米科技统计计划数据统计）

---

①《纳米材料相关风险评估，以及关键和知识更新》（*Évaluation des risques liés aux nanomatériaux. Enjeux et mise à jour des connaissances*），法国国家工作、环境、食品卫生安全局（ANSES）集体鉴定报告，2014 年 4 月。

且它也没有覆盖到全部产品，可能涉及商业机密。

通过上面的统计可以了解到，直至 2013 年共有 29 款商品的目标用户是儿童和婴儿。这些产品有毛绒玩具、小毛巾、牙刷、茶杯、用纳米银处理过以防止细菌滋生的婴儿车。这些产品主要来自美国、韩国、中国。我们还发现，在一些婴儿护肤乳与防晒霜里含有纳米钛。在这个名单中没有一款产品产自法国，但在商品宣传时却并未提及。

家居与花园用品这一类有 221 种产品，包括含有纳米钛的油漆，接受过纳米银处理的毛巾、床单、箱子、门把手，以及给宠物使用的篮子等。很多家庭地面产品或者空气净化装置中含有纳米银，甚至一些吸尘器和电冰箱也含有纳米银。这些产品同样不是产自法国，往往来自美国、韩国、中国，以及欧洲其他国家。

美容化妆产品和护肤产品中含有纳米的产品数量最多，达到 788 款。

同时，纳米科技投资者的数量在逐年增加，政府、企业、风险资金投资者竞相解囊，在 2010 年共投入 178 亿美元，其中美国、日本在投资榜上高居榜首，其他国家也不甘落后。比如，在 2010 年，俄罗斯的政府资助增加了 40%[①]。

　　然而，在广大民众不知情的情况下，纳米已经存在于众多的日常产品中。伍德罗·威尔逊学院根据产品种类做出的清单清楚地显示出，商家在市场上销售最多的是使用纳米科技的卫生保健品，紧随其后的是家居与花园用品（见图4）。2006年至2013年，卫生保健品中的个人护理产品，如化妆品、面霜、牙膏等，销售增长速度令人吃惊（见图5）。美国在生产含有纳米材料产品的榜单中占据首位，其次是欧洲、东亚（见图6）。

　　在日常用品中使用最为广泛的纳米材料是银，接下来的是钛、碳、胶体状态下的硅、锌、金（见图7）。

　　这些使用纳米材料的日常用品直接和人体接触，往往没有接受适当的风险评估，消费者对这些产品提出质疑，表现出极大的不信任。各大企业起初把纳米技术作为高科技的代表进行广告宣传，后来逐渐取消了这种做法。最惹人争议的领域是农产食品加工业，很多纳米材料以"添加剂"的形式出现，消费者很难清楚地了解这些成分的用途。在对纳米科技应用的讨论中，法国农产食品加工

---

① 《2011年纳米科技：市场报告情况》（*State of the Market Reports*），勒克斯研究公司（Lux Research）报告，2011年。

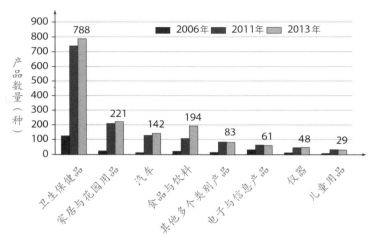

图4　含有纳米材料的主要消费品数量
（根据新兴纳米科技统计计划数据统计）

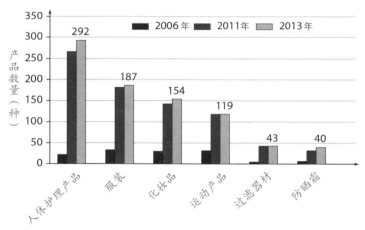

图5　各种含有纳米材料的卫生保健品数量
（根据新兴纳米科技统计计划数据统计）

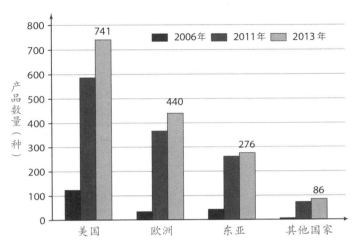

图6 含有纳米材料消费品的生产地情况
（根据新兴纳米科技统计计划数据统计）

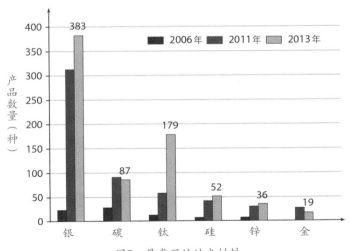

图7 最常用的纳米材料
（根据新兴纳米科技统计计划数据统计）

企业做出保证，不使用纳米成分，却"忘记"了由氧化钛粒子组成的添加剂 E171，它其中有一部分是以纳米的形式存在的。消费者与环境保护协会在公权机关面前扮演了至关重要的角色，这些组织让法国乃至欧洲境内必须对风险进行评估。争论依然进行，消费者只是清楚地看到，在商品标签上标注纳米材料的问题仍然没有解决。

纳米科技应用争议较小的领域是医疗领域。随着纳米材料的发展，出现了全新的医疗分支：纳米医疗。在该领域范围内，研究者开发了纳米层级的诊断与治疗工具。纳米药品和诊断用具可以针对目标精确地治疗疾病，修复损坏的组织和器官。作为医学分支的纳米科技医学，未来充满希望。公众虽然并不了解，但接受程度很高。尽管如此，纳米医疗可能在其"衍生产品"中表现出令人担忧的一面。比如，通过纳米技术，出现能力大幅提高、寿命大大延长的"强化人"。

第 2 章　纳米科技无处不在

纳米产品大举入侵我们的浴室、厨房，几乎每个人都被纳米技术包围，卫生产品、化妆品、食品、玩具、衣服，等等。

纳米科技在工业上的各种应用

纳米科技能够为物质赋予新性质，所以在工业上得以广泛应用。把纳米钛混入油漆和墙面的其他涂料中，可以让墙壁更加坚固，而且这种墙壁不容易因为光照而褪色。同样，在网球拍的材料中和自行车框架中混入碳纳米管，可以让产品既轻便又结实。

建筑业已经把纳米材料加入常用产品中，亲水性很强的自动清洁玻璃里就混有纳米钛。下雨时，雨水在玻璃表面铺开，形成一层薄膜，于是灰尘就从薄膜上流走了。"抗污"混凝土同样涂有一层纳米钛，因为纳米钛能够抗紫外线，防止苔藓、地衣生长。在钢材中加入纳米材料，可以使其更加柔韧、更加坚固。这些仅仅是飞速发展的纳米科技实际应用的几个例子而已。

汽车工业同样对纳米技术很感兴趣，因为纳米材料能够减轻车身重量，降低燃油消耗，同时增强车辆撞击时的防冲击能力。

当今世界为了预防气候变暖急需大幅度降低能源消耗，纳米科技的价值显而易见。未来的节能房屋里需要这些先进的科技，因为纳米材料能够提升光伏电池板的能量转换率，更好地把建筑物与外界环境隔绝，在白天吸收多余的热量，在夜间气温下降的时候释放这些能量。

在另一个潜力巨大、正在发展的产业中，纳米技术同样可能大显身手，这个产业就是水处理。纳米粒子的活性强，可以把接触到的分子吸附在表面，所以纳米粒子可以作为高效的污水净化剂。在处理污水方面存在困难的国家，可以利用纳米过滤装置净化污水，防止疾病，预防中毒。在各个产业中，不断追求微型化的电子产业无疑可以最直接地从纳米科技应用中受益。五十年间，电子电路的体积变成了不到原来的一百万分之一。在大众普及的智能手机身上，这一点体现得淋漓尽致。每一部智能手机都成了真正的迷你电脑，能够在每秒钟完成几十亿次运算，凭借的就是纳米集成电路卡储存海量数据。纳米技术同样能够应用在 RFID 卡（Radio Frequency Identification，即射频识别技术），也就是"电子标签"上。这种卡可以内置在护照、银行卡中，也可以放在超市商品内，这样可以立即记录下购物篮中所买的商品。RFID 卡还可以植入活体，现在已经用于跟踪野生动物，那么，为什么将来不能植入人体呢？当然，个人自由权利可能由此遭到威胁，当前法国自由与信息全国委员会（CNIL）对此问题密切关注。

应用纳米技术的产品类型数不胜数。因为目前没有一项针对标签的法律法规，所以很难详细了解个人自由与隐私暴露的程度。

一些协会和科学家开展了调查，目的是让大众对纳米技术有更详细的了解。食品工业使用纳米材料需要各个领域的协同努力，但食品工业却否认使用纳米材料。有人发现一些食品成分符合"纳米材料"的定义，但食品工业却使用数字代表这些成分，这种做法便于逃避质疑。使用纳米技术并不代表一定会给消费者带来危险，可是，信息缺失、避而不谈的行为只能让人们产生疑问并引起争议。

在几十年前，人们发现纳米银有很强的杀菌功能，于是纳米银作为一种最常见的纳米材料得以广泛应用，存在于各种日常用品中。使用纳米碳的广泛程度次之，常用于轮胎、印刷用墨等，有80种不同的纳米碳粒子属于人工制造①，可见评估纳米材料危险性的工作极其复杂。此外，化妆品行业喜欢使用的纳米钛、纳米锌，同样用途十分广泛，各种食品（包括糖果）中都可以见到它们的身影。同时，不要忘记纳米硅粒子，这种粒子能够液化日常食品，如糖、盐、面粉、巧克力粉。各大工业厂商躲在行政管理部门多年前为他们颁发的合格证的保护之下，但是，凭借一纸证书能够说服民众吗？所以，有必要对广大消费者使用的日常产品进行收益-风险评估。

化妆品中的纳米：有益还是有害？

新兴纳米科技统计计划（PEN）清点了含有纳米材料的化妆品和护理产品，涵盖了各个种类的化妆品（如粉底、口红、眼霜、防晒霜、抗衰老面霜、护肤乳、指

---

① 《法国中小企业生产、使用、转化纳米材料的情况》（*Production, utilisation et transformation des nanomatériaux dans les PME françaises*），纳米产品质量（NanoMet）方案报告，2014年9月，参见 www.nanomet.fr。

甲油、喷雾剂、美白牙膏）。此外，还有很多其他产品也都使了纳米材料。化妆品行业青睐的纳米材料有哪些？为什么广泛应用纳米材料？纳米材料是否会给使用者带来风险？法国卫生部向法国健康产品与药品安全国家管理局（ANSM）提出了上述问题，该局则在 2011 年公布了报告[①]。为了进一步了解纳米材料的工业应用，该局的专家询问了行业协会，即化妆品企业联盟。联盟提供的名单显示，化妆品、护肤乳中存在多种纳米材料，如硅、炭黑、二氧化钛、氧化锌都是很常见的纳米材料，有些纳米材料的用量高达几万吨！二氧化钛和氧化锌是防晒霜的首要活性物质，报告中主要强调了这两种材料的相关风险。

防晒产品与针对纳米钛的争议

在化妆品中随处可见的二氧化钛和氧化锌引起了激

[①]《关于二氧化钛纳米粒子、氧化锌纳米粒子在化妆品中对皮肤渗透、基因毒性、致癌方面的认知》（*État des connaissances relatif aux nanoparticules de dioxyde de titane et d'oxyde de zinc dans les produits cosmétiques en termes de pénétration cutanée, de génotoxicité et de cancérogénèse*），法国健康产品与药品安全国家管理局（ANSM）报告，2011 年 3 月。

烈争论。众多化妆品和护肤品都含有这些纳米材料，在防晒霜中尤其突出，因为它们有过滤紫外线的功能。二氧化钛以微粒的形式存在，可以实现"完全屏蔽"的效果。同时，二氧化钛也可以作为油漆中的白色素，涂抹含有大量二氧化钛的防晒产品会把滑雪运动员变得如同"白色小丑"，很不美观。纳米钛则没有这种缺点，加入纳米钛的防晒霜是一种透明的霜剂，更加滑腻、舒适，防水性更强，保护皮肤防御紫外线的能力更强，于是生产厂家向消费者极力推荐这种产品。从前涂抹含有传统二氧化钛的防晒霜后，脸上仿佛戴着白色面具，嘴唇也变成奶白色，使用含有纳米钛的防晒霜绝不会出现这种情况。无论在沙滩上还是在雪地上，含有纳米钛的防晒霜剂防晒能力更强，而且对儿童的效果格外明显。在紫外线下过度暴露会导致多种疾病产生，若儿童在紫外线下过度暴露，成年后罹患黑色素瘤的概率会上升，严重的可能导致皮肤癌。涂抹含有纳米钛的防晒霜剂可以避免发生这种情况。了解了这些知识之后，我们可能觉得这种产品真的是健康产品中的瑰宝。

然而，不久就有人对安全问题提出质疑。因为化妆品业允许使用微粒状态下的二氧化钛保护皮肤免受阳光暴晒，前提条件是二氧化钛微粒不能超过防晒霜总成分的 25%。但是，同样的材料在纳米形态下会怎样呢？体积较大的二氧化钛粒子不能穿过皮肤，那么，体积至少是原来的百分之一的粒子呢？在澳大利亚，人们大量使用防晒霜。2006 年，相关部门发现，70% 的二氧化钛是以纳米形态加入防晒霜的。所以，人们当下不应该仅仅满足于享受这种材料的优点，更应该紧急行动起来，仔细研究其可能带来的风险。科学界迅速发现了问题所在，并且及时通知了卫生管理部门，在欧洲和美国都开展了相关研究。

为什么唇膏中含有硅元素？

最近几年，另一种纳米粒子走进了公众视线：硅胶体（Silice Colloïdale）。这种材料不但被用于盐、糖、面粉、可可、香料等食物粉末中，还被加入化妆品里。这里使用的硅与生产玻璃用的硅晶体大不一样，是水合非晶体硅。在化妆品的初加工阶段使用水合非晶体硅，冲洗过后会将其从香波、乳液、口红中清除出去。水合非晶体硅可以提高产品性能，改善产品质地，增强产品吸收能力，防止产品成分粘连结块，而且还能使产品的有效成分在一天的时间里逐步释放，保持嘴唇湿润。与二氧化钛、氧化锌纳米粒子一样，水合非晶体硅纳米颗粒在不知不觉中潜入了消费者的日常生活。很多人觉得既然水合非晶体硅可以用于其他领域，为什么不可以用于唇膏呢？然而，现在人们对这种材料是否具有毒性并不清楚。

尽管如此，在消费者协会的督促下，欧盟消费者安全科学委员会（SCCS）决定对水合非晶体硅的使用进行严格监控，并发布了研究结果。与很多其他纳米产品一样，公布的结果含糊不清："没有任何证据表明纳米形态的硅胶体能够穿透皮肤或者存在毒性，但消费者安全科学委员会并没有搜集到足够材料完全排除这种可能性！"

很明显，这又是一个模棱两可的结论，但人们在此没有遵守小心谨慎的原则。如果怀疑化妆品和护肤品中的纳米材料的安全性，耐心等待难道不是更理性的做法吗？对于二氧化钛和胶体硅更是如此，因为这两种材料几乎天天接触人们的皮肤，我们在不知情的情况下会通过食物摄入这些材料。

食物中隐藏的纳米材料

农产品加工业始终不愿意承认使用纳米材料。根据欧盟对纳米材料的定义，如果粒子大小超过 100 纳米，或者符合纳米材料定义的粒子不到该材料粒子总量的

50%，那么法律上认为该材料不属于纳米材料。这样的定义促使农产品加工业坚持否认使用纳米材料！实际上，众多纳米科技已经应用到了人们的餐桌上、厨房中。

新型智能包装：仅仅存在于科幻作品中吗？

在包装中使用纳米材料，目的是更好地保存食品。当今社会的食物浪费情况严重，所以这种做法也很容易理解。其使用原理就是把纳米结构的传感器与"智能"材料融入包装材料中，监视食物随着时间流逝出现的变化。通过各种指标可以迅速检测出毒素或者致病因子是否在食物中滋生从而导致食物无法食用。这样就不必提取样本在实验室进行分析，这对于生产商和经销商来说都属于额外成本。

包装中含有纳米材料，从运输、储存直到食用的整个过程都可以把控食物质量。对于关注食品安全的消费者来说，这项技术意义重大。刚才谈到的部分技术还停留在各大农产品加工企业的实验室中，比如，在 24 小时内能够测试到李氏杆菌属（Listeria）细菌的生物传感器、病原体出现后释放的物质导致变色的传感器，这些科技都处于试验阶段。上述科技成果的确能够加强食品安全，但值得警惕的是，这些传感器本身的材料具有什么性质呢？法国国家工作、环境、食品卫生安全局认为这些材料渗透到食物中的比例通常来说微乎其微，总量远低于制定的卫生标准要求，但仍然建议消费者在用微波炉加热食品的时候一定要严格按照生产厂家在包装上的指示操作。这个问题值得进一步讨论，因为包装材料渗透到食物中的程度取决于温度、食物性质、保存时间等诸多因素。

2009 年，全国食品工业协会（ANIA）表示，"经过证实，包装材料不会渗透到食品中去"。尽管如此，一些独立研究成果表明，包装材料还是可能渗透到食物中的。相关的争论远远没有结束。

纳米银的问题

部分纳米科技已经应用到了市场上，在食品包装上使用纳米材料的好处很多，比如包装结实、透明，表面防水，可以自我清洁。

一些金属纳米粒子具有抗菌作用，各大企业针对这一特性着力开发应用，尤其是纳米银粒子可以直接融入包装材料中。银的杀菌能力众所周知，在医疗领域，人们很早以前就以盐溶液的形式使用银，比如硝酸银。银离子具备能够杀灭细菌、病毒、真菌的特性，那么，对于使用纳米银这件事，人们何乐而不为呢？使用纳米银这种形式，银在布料、塑料、纸张等材料中存在的时间更持久，因此能够更好地保持其特性，也就能够更长时间地保存食物。含有纳米银的透明薄膜从 2005 年开始进入市场。一些冰箱的内壁含有纳米银粒子，一些电脑键盘上含有纳米银，一些防汗衬衫、袜子的处理过程中都会使用纳米银，这样不会产生难闻的气味。

然而，人们在没有完全了解纳米材料特性的情况下让一些产品进入了市场，液体或者固体的纳米材料是否会迁移到食品中呢？人们对此并没有透彻的认识，而且这些包装遭到废弃之后，经过垃圾处理会直接进入环境。因此，研究包装老化问题、循环利用问题显得非常重要。那些经过纳米银处理的布料也存在类似的问题，比如，洗涤之后这些布料会变得怎样？纳米银会仍然留在布料中还是会被洗掉？似乎经过洗涤，纳米银会随着脏水流走。人们已经知道可能导致的环境恶果：一些致病细菌会对银免疫，部分益生菌会被杀死，这种情况尤其令人担忧。

另外还有一个问题：如果银渗透到食物中，人体内的肠道菌群会有怎样的反应？现在的科学研究发现，人类的肠道菌群①是消化平衡与身体健康的基石。如果肠道菌群的平衡遭到破坏，人类很容易患上代谢性疾病，比如肥胖、Ⅱ型糖尿病。尽管食品包装企业做出承诺，担保绝对不会有银进入到食物中，但是，银渗入食品的担忧依然存在。

为什么使用纳米形式的食品添加剂？

食品添加剂种类繁多，通常用字母加数字的组合来表示，这样就可以不必写明哪些化学产品以纳米形态加入。所以，即使阅读详细的产品标签，人们仍然无法获知相关信息。

比如，E171可以代表远大于纳米层级的普通微粒形态的二氧化钛，也可以代表纳米粒子形态的二氧化钛。当看到标签上只写着缩写符号而没有标明以何种形态添加进食品中时，一定要加倍小心。

食品加工业把纳米钛添加到一些透明、闪亮的糖果和糖衣口香糖的外涂层以及很多食品制备原料中，因为纳米

---

① 人类的小肠内存在一个庞大的细菌生态系统，细菌数量达到100万亿，重量达到1.5千克。这些细菌在食物的消化吸收、保护人体免遭致病菌侵袭方面扮演着重要角色，它们甚至能够释放物质，作用于人类的大脑。

钛能让这些食品制备原料变得更白。纳米钛和其他食品着色剂混合可以制作出各种各样的颜色，常常用在糕点糖霜上光、上色工艺上。另外，在牙膏和一些药品中也可以见到纳米钛的身影。人们每天都会吸收到纳米钛。据估计，美国儿童平均每天吸收 1~3 毫克纳米钛 / 千克；在英国，那些吸收量最大的儿童可以达到每天 6 毫克纳米钛 / 千克!

被称为"纳米硅"或者"硅胶体"的纳米材料由于具备防止黏着的特性，可以作为食品添加剂（E551/552）加入面粉、糖和盐中。

这些原本广泛应用于美容产品的纳米粒子，如今在食品中也现身了。纳米粒子应用如此广泛，是因为卫生部门过去允许使用化学形态的氧化硅或者二氧化钛，而那时的这些物质都是以普通微粒形态存在的，至少卫生部门是这么认为的。那时的科学界判断这些物质没有危险，不会穿过肠道屏障。所以，由此推断，不需要重新对纳米层级的同类物质进行检测，也没有必要申请新的许可。各大工业支持这一观点的证据始终不变：如果存在风险的话，我们早就应该知道了。因为人们数十年以来一直使用这些物质，在健康卫生领域没有造成任何损害。现在的法国国家工作、环境、食品卫生安全局，也就是原来的法国食品卫生安全局对此却持有不同看法。

该局在 2009 年的报告中得出了这样的结论："法律法规随着形势变化，应该规定，当食物中含有这些物质的时候，相关企业必须公开声明，获得许可后，这种食物方才可以进入市场。"①

纳米脂质体可以效果更好地释放"康复食品"

农产品加工业广泛使用纳米乳液制作胶囊，保护并释放添加剂，比如使用脂溶性的维生素 D 以及其他食品补充营养剂。这些纳米材料和前文中提到的固体纳米材料大相径庭。大约五十年来，美容产品和药品行业始终使用脂质体。这么做的基本思路就是仿造人体细胞膜：人工制造出中空的小球，球壁由双层脂类构建而成，与人体组织的细胞膜完全相同。由这些脂质体球壁制成的球体可以容纳各种各样的分子，并且小球能够携带这些分子到达目标；到达目标后与细胞融合，小球内的物质流出。最近几年，由于科技的进步，这些小球已经由原来的微米层级发展到了纳米层级。

---

① 《人类与动物食物中的纳米科技与纳米粒子》（*Nanotechnologies et nanoparticules dans l'alimentation humaine et animale*），法国食品卫生安全局（AFSSA）报告，2009 年 3 月。

　　包裹在小球内的维生素、香料、微量元素，以及其他的各种营养补充元素通过这样的方法在体内运输，运输过程中损失量减少，可以更充分地被人体吸收。然而，我们并不知道这些物质在消化道中的变化，也不清楚与传统摄取营养元素的方式相比，这种摄取方式是否存在更大的优势。因此，必须对此进行评估。

　　这些例子证明，我们今天几乎"淹没"在纳米材料的海洋中！洗漱、饮食、呼吸……人类每天都会接触到各种纳米材料，虽然每次接触到的仅属微量，但却是长期反复接触。尽管目前没有观察到任何人类中毒或者患上相关疾病的现象，但能否说明纳米材料就完全无害呢？以及目前的情况是否已无法逆转？

第3章 纳米有毒吗？

纳米粒子和纳米材料是否有毒？从十余年前直至今天，这个问题一直被人反复提出来。人们在没有彻底了解纳米科技对健康造成潜在伤害的情况下开发了各种应用，很多以前获得过许可的化学产品得到广泛使用。这种使用与以前的唯一区别就是，获得许可的产品已经进入了纳米层级的应用。各大企业认为，原来的产品进入纳米层级后依然无毒，对部分化合物的检测结果的确印证了这种观点。后来，毒理学专家首先开始发出疑问，因为物质的体积与其属性息息相关。那么，体积变化后，同样的产品对于工人、消费者、环境是否会构成威胁呢？

为什么出现这类担忧？

2005年，首批关于纳米粒子潜在毒性的研究成果发表后，毒理学界行动了起来，希望深入了解纳米粒子对活体组织的影响①，就此诞生了新的学科——纳米毒理学。然而，由于纳米技术的工业应用最近刚刚开始，所以还来不及进行流行病学研究，无法了解暴露在纳米材料中的人群是否面临危险，比如生产车间里的工人。科研工作者最先敲响了警钟，他们研究在工作环境和自然环境中会对人体产生危害的微粒，包括矿井中的炭粒子、柴油粒子，焊接车间里的金属粒子、石棉粒子。这些微粒能够对人体造成各种伤害，其中一些微粒以纳米粒子的形式存在。另外，出于特定目的而人工生产的纳米粒子更加活跃，由此推断，假设这些纳米粒子对活体可能造成更大影响也在情理之中。

于是，人们进行了各种试验。比如，把实验室动物暴露在纳米材料的环境中；细胞培养，尤其着重培养属于潜在攻击目标的、来自人体各个器官的细胞；分离大分子，如蛋白质、核酸。十年间，各种研究成果纷纷出

---

① 弗朗斯琳娜·玛拉诺（Francelyne Marano）、莉娜·瓜达尼尼（Rina Guadagnini）：《纳米材料对健康的影响我们知道什么？》（*Que sait-on des impacts sanitaires des nanomatériaux sur la santé ?*），载《纳米科学、纳米科技，演化还是革命？》，让-米歇尔·鲁尔特兹、马塞尔·拉玛尼、克莱尔·都巴-阿拜尔兰、帕特里斯·艾思铎主编，贝兰出版社，2014年，第272—285页。

现，从最初的寥寥数篇文章到数以千计，然而依然无法得到一个确定的答案——因为纳米粒子的化学组成千变万化，纳米粒子的种类不断增加；化学家的想象力无穷无尽，源源不断地创造出新型的纳米粒子！目前，毒理学家仍然难以专门针对工人安全与消费者安全向立法部门提出清晰可行的危险评估标准。

通常呈现球形的纳米粒子与空气中的极细微粒子大小相似。极细微粒子主要来自化石能源的燃烧，比如柴油动力车辆燃烧的柴油、锅炉燃烧的煤炭，还有人们常常忽视的木料，木料燃烧时同样会释放极细微粒子。即使化学成分大相径庭，但颀长的纳米管还是会立刻让人联想到对人体有害的石棉纤维。因为人们了解柴油发动机散发出的微粒、空气中细微粒子与极细微粒子的危害，所以对纳米粒子的毒性问题始终心存疑虑。一些研究对比了多种微型粒子和纳米粒子的生物学特点与毒理学特点，以求确认粒子体积的大小对其性质的影响。被研究的粒子有碳粒子、硅粒子、二氧化钛粒子、氧化锌粒子，等等。世界上众多的流行病学研究成果也表明，大气中的细微粒子和极细微粒子与哮喘、慢性支气管炎等呼吸系统疾病具有关联性，令人吃惊的是，它们与心血管疾病还存在联系。世界卫生组织下设的癌症研究国际中心

（CIRC）最近把柴油发动机释放的粒子与大气中由于污染产生的粒子列为人类致癌物。科学家发现大气中的各种粒子会对肺、心脏等各个内脏器官产生危害，而且提出了这样的问题：这些微粒是否会进入机体内部？它们能否越过生物屏障，尤其是越过呼吸系统的生物屏障进入组织呢？

大气中的微粒对健康影响的话题很快进入了纳米粒子毒性的讨论范畴。20世纪末，人们开始对毫无限制地使用纳米技术的做法提出异议。法国的各种消费者协会和环境保护协会抓住这一问题，推动法国政府作出回应，资助法国乃至欧洲的科学家开展相应的科研工作。于是，欧盟与十余家实验室合作，启动大型研究计划，目的是更好地了解纳米科技对健康的影响，尤其是要创建"工具箱"，即研发各种工具，在纳米产品进入市场前，评估其潜在的危险性。

目前，人们所了解的纳米科技对生物的影响不过是冰山一角，而且试验结果往往来自细胞培养和实验室动物试验，对人体暴露在纳米材料中产生的后果知之甚少。这些科研工作的结果令人吃惊，因为如果比较化学组成相同而大小不同的粒子（微米级别或者纳米级别），纳米粒子通常会显示出与微型粒子不同的毒性。怎么解释这

044 种试验结果呢？正如前文中谈到的那样，对于重量恒定的一簇粒子，体积越小，数量越多，它们的表面积就相应越大。粒子表面积增加，在生物环境中互相作用的次数也增加。另外，还有其他的重要因素，比如在生物液体中的可溶性以及凝结成块的能力。在空气微粒中，已经存在类似的实例，比如 PM 2.5[①] 对于人体健康的危害尤其严重。

纳米粒子可以越过生物屏障

直到最近，人们仍然以为纳米粒子主要通过呼吸道进入人体。当然，工人处在产生大量粉尘状物质的车间中，呼吸道的确是纳米粒子进入人体的主要通道。工人们往往不知道自己生产加工的是纳米颗粒，尤其在分包厂商那里以及在还没有针对纳米科技明确立法的国家里更是如此。

普通消费者使用美容化妆用品、卫生洗涤用品时，纳米粒子会通过皮肤进入体内；摄入食物类产品时，纳

---

① PM 2.5 也被称为大气中的细微颗粒，直径等于或者小于 2.5 微米。通过空气质量监测网络测量 PM 2.5，得到每立方米空气中的浓度。PM 10 是大气中直径等于或者小于 10 微米的微粒，PM 2.5 就是 PM 10 的碎片。

米粒子会通过消化道进入体内。虽然已经有人测量在工作时人们暴露在纳米材料中的危险程度，但没有人关注普通消费者日常生活中是否遭受到纳米材料威胁，这真的是一个严重的问题！

人们对纳米粒子越过生物屏障、在脏器积聚的相关知识了解得越来越多，但需要再次重申，这些科研成果是建立在对实验室动物进行试验的基础上得到的。人们使用带有标记的"模型"纳米粒子，跟踪这些纳米粒子在机体内的行动，检测纳米粒子聚集的器官，观察它们怎样通过肾脏与尿液一起排出体外，或者在纳米粒子不能越过肠屏障时，观察它们怎样随粪便排出体外。科研人员还试图了解在生病的机体中或者在生命的不同阶段——胎儿、幼年、老年，纳米粒子是否有特殊表现。生物屏障如何保护机体免遭纳米粒子侵袭，如图8所示。

实验室获得的试验结果对于了解纳米粒子的后果十分有必要，但各大企业对这些结果表示质疑。他们认为，不应该把在实验室动物身上或者培养的细胞上的试验结果推而广之，乃至得到纳米粒子可能对人体产生同样伤害的结论，这种过分外推的做法并不可取。然而，所有对化学产品进行危险评估的法律法规，都是基于新产品进入市场前的试验数据。

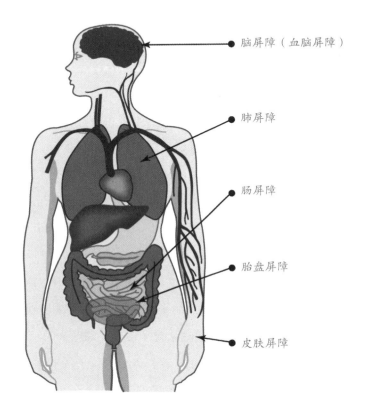

脑屏障（血脑屏障）

肺屏障

肠屏障

胎盘屏障

皮肤屏障

图8　生物屏障保护机体免遭纳米粒子侵袭

　　肺屏障、肠屏障、皮肤屏障都属于人体与外界直接相通的第一道防线。只有在纳米粒子突破了第一道防线进入机体之后，脑屏障、胎盘屏障才发挥防护作用。

我们呼吸纳米粒子

呼吸系统是吸入微粒的通道，微粒由于大小各异，分别落在不同等级的人体器官部位。最微小的颗粒，包括纳米粒子在内，都会聚积在肺泡上。肺泡表面覆盖的上皮细胞距离毛细血管壁非常近，而毛细血管正是进行气体交换的场所：氧气散入血液，红细胞带走人体呼出的二氧化碳。纳米粒子会不会影响这一套基本的呼吸机制呢？目前看起来不会。但是，由于纳米粒子过于微小，它们可以穿过生物屏障。纳米粒子在前进过程中还会穿上伪装，在进入肺泡前，由蛋白质和脂类组成的生物"外套"会包裹纳米粒子，于是纳米粒子会更加轻易地进入机体，融入血液中，然后被血流带走，进入血液循环。为什么接下来纳米粒子喜欢沉积在肝脏、心脏、脾脏等器官上了呢？这个问题依然悬而未决，有些人认为，纳米粒子的特殊化学性质决定了这种沉积作用。

幸亏人体进化出了阻挡这种入侵的机制，人类在地球上诞生之初就要应对火山灰、沙尘暴、森林大火产生的浓烟，而且还要面对空气中的细菌、真菌孢子、花粉、病毒。最终，人类成功地存活了下来。肺作为生命必需的气体交换场所，拥有对抗这些微粒的高效防护系统。

从鼻腔到肺泡的呼吸道覆盖着一层黏液，吸入的微粒会落在黏液上。这层黏液如同传送带一样把这些微粒送到咽喉，然后被人吐出或者吞咽。对于身体健康的人来说，这种保护机制非常有效，但如果空气污染严重，或者对于患有哮喘、慢性支气管炎的患者来说，这种清除机制效果不佳，微粒就会在肺内堆积。婴儿和儿童的肺尚未发育完全，仍然很脆弱，所以对这些微粒最为敏感。

人体生理机制负责处理被吸入的纳米粒子，但由于纳米粒子体积太过微小，可以直接到达肺泡，在肺泡里并不存在前面提到的清理系统。于是由人体免疫系统的巨噬细胞负责处理这些纳米粒子。平时，在肺泡上的巨噬细胞清除能够到达此处的细菌。巨噬细胞有着非凡的能力，可以吸收来到肺泡上的各种微粒，被称作"肺脏清道夫"。但是，巨噬细胞无法消化体积非常微小的微粒，这些微粒会堆积在肺泡上，清除速度十分缓慢。

在肺泡这一级别，空气与血液之间的距离非常近（大约 1 微米，也就是说相当于 10 个直径 100 纳米的纳米粒子），有利于纳米粒子进入血液循环。估计有 10%~20% 的微粒无法被溶解，永远存留在人类的肺中。如果人类暴露在大量微粒中，进入肺内无法清除的微粒可能引起肺纤维化，发病机理与矿工罹患硅沉着病的机理相同。

　　肺内存留的微粒往往导致炎症反应，这是人体对外界侵袭的正常反应。比如，人体被烧伤或者晒伤的时候，皮肤变红，这就是免疫系统启动的炎症反应，能够修复烧伤与晒伤。免疫系统在肺内也会产生同样的反应，以清除外来入侵者。炎症反应在对抗细菌与病毒时颇为有效，但在面对顽固的细小微粒时却显得力不从心。这就是为什么体质敏感的人身处严重污染的空气中时，产生鼻腔与支气管的刺激性反应，哮喘病患者哮喘发作。经过证实，这些问题的出现要归咎于空气中的细微粒子与极细微粒子，而且在严重污染的空气中，这些微粒的肺部堆积是诱发部分敏感体质人群罹患肺癌的高危因素。比如，与柴油机排放出的尾气经常接触的工人，肺癌发病率就较高。

　　根据暴露在人工制造的纳米粒子中的风险的最初评估显示，如果考虑到纳米粒子的总体量，在工作地点空气中的纳米粒子浓度很低，那么，各企业的雇主似乎不必担心纳米粒子导致肺部疾病的问题。但是，由于纳米粒子极其微小，即使全部体量不大，纳米粒子的数量仍然十分巨大。这些纳米粒子或者单独或者成群结队地进入人体，渗透到肺的最深层。最近发表了关于纳米粒子对工厂中生产纳米粒子的工人的影响的流行病学研究报告，其研究数据虽然来自欧洲和亚洲的多个国家，但很难对研究结果做出准确的解释，因为研究中对什么是"暴露在纳米粒子中"给出的定义模糊，而且研究对象的数量过少。目前并没有不可辩驳的证据说明呼吸系统疾病与吸入纳米粒子有关，不过其中部分成果证明了动物吸入纳米粒子后会产生肺部炎症反应。然而，研究那些接触含有金属纳米粒子焊接烟雾的工人，就可以发现一些严重的呼吸系统疾病现象（如慢性阻塞性肺病、肺癌）。

最近，碳纳米管是否危险的问题被提出来。把实验鼠置于工业生产碳纳米管的环境中，试验结果令人担忧。因为碳纳米管给实验鼠造成的影响与石棉给实验鼠造成的影响相似，尤其值得注意的是出现了间皮瘤。20 世纪，在工作环境中接触到石棉纤维导致很多人患上胸膜癌，致使数千人死亡。因此，现在必须严格保护工厂中生产碳纳米管的工人，同时要把纳米粒子限制在生产车间之内，防止纳米粒子外泄。

最近发表的科研成果表明，在巴黎一些患有哮喘的儿童的肺中发现了碳纳米管。这一事件引起了媒体的轩然大波，研究成果中提供的数据让人非常担忧。富勒烯是一种外形类似足球的纳米球体，一名专门研究富勒烯的科学家与哮喘病专科的儿科医生合作，仔细检查了 69名患有哮喘病的儿童，分析他们肺泡的巨噬细胞包裹的内容物。实验的最初目的是观察是否能够在人体免疫系统里发现巴黎大气污染的线索。科学家使用电子显微镜观察到了出人意料的结果,他们居然发现了碳纳米管!这些碳纳米管从何而来?科研工作者研究了窗台上的灰尘,发现其中含有汽车尾气排出的炭黑,其中恰恰含有碳纳米管,与哮喘病儿童患者肺中发现的一模一样!当然,现在下结论还为时过早,没有任何确凿证据表明哮喘病发生的罪魁祸首是污染。但是,呼吸的污染物里含有碳纳米管一旦得到证实,这一事实就足以引起人们的警惕。所以,为了减少城市污染,人们更加应该在交通方式、个人供暖与集体供暖等各个领域采取有效的行动。

皮肤能够有效地保护我们吗?

皮肤占人体总重量的 10%,在保护人体免受外界侵袭方面扮演着重要角色。它守护着我们,保证体内平衡。皮肤分为三层,即表皮、真皮、皮下组织。防晒霜含有二氧化钛和氧化锌纳米粒子,当表皮暴露在这两种纳米粒子下会发生什么反应? 在化妆美容产业开始大规模使用纳米材料,并将纳米材料作为广告卖点的时候,已经有人提出这样的问题了。纳米粒子真的只停留在皮肤表面,乖乖承担阻挡阳光照射的任务吗?如果每天都涂抹含有纳米粒子的防晒霜会有什么后果？皮肤在没有损伤的情况下可以有效地阻止细菌、化学品的外来入侵，那么，纳米粒子能否越过这道皮肤屏障呢？

科学家使用了近五十年来开发的全部最新生物学科技来研究这个问题。我们现在知道怎样在试管中培养人类皮肤细胞，也就是可以在活体之外制造皮肤细胞。这种技术可以治疗烧伤患者，移植自身培养出来的细胞修复损伤。科研人员使用同样的方法研究纳米粒子能否穿过皮肤屏障，会不会长驱直入到达内脏，评估可能给人体带来的影响。在欧洲，法律严禁使用动物测试化妆美容产品。但在美国，仍然可以使用动物评测纳米粒子带来的健康风险。猪的皮肤与人类皮肤相似，所以科研人员把猪置于二氧化钛纳米粒子的环境中测试。法国药品与卫生产品国家管理局汇集了所有试验结果，得出如下结论：纳米粒子能够进入由多层死亡细胞组成的表皮，但是，并不能穿过表皮进入真皮。真皮位于表皮之下，是活着的细胞层，存在丰富的毛细血管。不过，在皮肤受到损伤的时候，纳米粒子能够进入真皮，这意味着皮肤晒伤的时候不可以涂抹含有纳米钛或者纳米锌的防晒霜，应该等到晒伤痊愈之后再涂抹。表皮只有在完好无损的情况下，才能合格地起到屏障功能的作用。

另一个实验结果也让人不安并心存疑虑：纳米粒子会在毛发根部的毛囊聚积。这些纳米粒子最后会变成什么样？它们会被清除掉吗？虽然防晒霜能够预防皮肤晒伤，但应该让使用者了解这些积聚的纳米粒子是否会在未来的日子里被清除，应该保证纳米粒子不会给皮肤病患者带来任何后顾之忧。由于运动、使用刺激性的洗涤剂与化学产品，都可以促进皮肤吸收纳米粒子。综上所述，在使用含有纳米粒子的护肤产品时必须加倍小心。

我们吞下的纳米粒子最终怎样了？

食物中的纳米粒子沿着蜿蜒曲折的消化道前进，它们与食物一样接触到唾液中的酶、胃酸，以及小肠中各种消化酶的"攻击"。部分纳米粒子在这些生物液体中溶解，但组成纳米粒子的元素可能有毒性：纳米银在消化道逐渐前进的过程中释放出银离子，银离子可以杀灭细菌，而且能够杀灭维持正常消化和体内环境平衡的肠道菌群。

小肠内壁分泌黏液，这层黏液层起到保护作用。小肠内部存在两种类型的细胞，即分泌黏液的细胞和专门负责吸收消化作用后所产生的营养物质的细胞。这些细胞覆盖在小肠绒毛上，增大小肠的吸收面积。同时，还可以观察到免疫细胞团——派尔集合淋巴结（Peyer

Patches），这种淋巴结可以保护肠道免遭致病细菌的入侵。人们目前对于这条吸收纳米粒子的通道还知之甚少，但在给实验鼠的食物里添加纳米粒子时，研究人员发现少部分纳米粒子进入了内脏器官。这些纳米粒子很可能通过派尔集合淋巴结穿过肠屏障，派尔集合淋巴结和肺泡中的巨噬细胞一样可以吞噬微粒，然后这些微粒由此散布到机体各处。食物中纳米粒子的问题或许是当今最让人不安的、同时也是研究最少的课题。

纳米粒子能否直接进入大脑？

人类的大脑受到人体的重点保护，正常情况下血脑屏障这道坚固的城墙只会放行大脑需要的营养物质，以糖类为代表，其他物质都会被挡在门外。但是，在污染非常严重的地区，比如墨西哥城，大气中的微粒似乎可以越过这道屏障。大气中的极细微粒子能够诱导自由基的形成，导致出现氧化应激反应，而氧化应激反应正是帕金森病、阿尔茨海默病等大脑退行性疾病的致病因素。当然，上述推断还只处在假设阶段，但这种风险与纳米粒子引起的其他风险一样，值得深入研究。

纳米粒子能够进入胎盘吗？

纳米粒子能否越过胎盘屏障威胁胎儿，这个问题至关重要，因为孕妇会暴露在各种含有纳米粒子的产品中。通过对妊娠实验鼠的研究发现，在纳米微粒环境下，通过吸入和吞咽途径进入体内的纳米粒子有可能越过胎盘屏障。越来越多的研究结果表明，纳米银和纳米钛粒子不但可以越过胎盘屏障，而且还能够作用于胎儿。那么，可以把这些实验室动物试验的结果推论应用到妊娠的女性身上吗？

在皮肤上涂敷护肤产品，吸入气雾剂，摄入食物——通过上述途径，纳米粒子与身体接触。如果纳米粒子越过了生物屏障，血液会将纳米粒子运送到身体各处。各种纳米粒子的化学组成不同，其后续演变各异。类似纳米银的粒子分解，类似纳米钛的粒子被血液蛋白包裹。纳米粒子可能在各种器官上沉积，大多数纳米粒子跟随粪便排出体外（见图9）。

人们通过试验数据评估纳米粒子对人的威胁程度，常常有人质疑这种方法。的确，在试验情况下，纳米粒子的剂量要比实际生活中遇到的剂量大得多，但也不应该因此忽视纳米粒子的威胁，尤其是纳米粒子对妊娠妇女的危害。彻底了解纳米粒子的潜在危险是非常必要的。

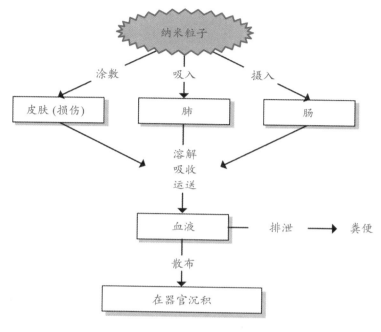

图9 机体中纳米粒子的运输

总结纳米粒子对人体产生的影响

现在，人们对空气污染以及大气中细微粒子对人体的恶劣影响已经有了相当的了解。每日暴露在这些细微粒子的环境中，即使剂量很少，仍然会让婴儿、儿童、哮喘病患者、心脏病患者、老年人等易感人群罹患鼻炎、支气管炎，导致哮喘病、心血管病发作，能够减少一些患者至少几个月的生存时间，而且还与帕金森病、阿尔茨海默病的发展密切相关[①]。

然而，除了有关工作环境风险的少量研究外，在纳米材料领域，时至今日依然没有多少研究数据。最近十年开始迅速发展的研究工作对纳米粒子带来的健康威胁提出了很多疑问，但现有的数据主要基于实验室的研究成果，还不能直接将其套用在人体上。尽管如此，这些数据还是让人了解了纳米粒子与活体组织之间的相互作用。其中有的发现至关重要，尤其值得提出的是纳米粒子与生物体液即黏液和血清蛋白之间的作用关系。纳米

[①] 弗朗斯琳娜·玛拉诺（Francelyne Marano）、罗贝尔·巴鲁奇（Robert Barouki）、德尼·茨米卢（Denis Zmirou）：《毒性？健康与环境：从警报到决断》（*Toxique ? Santé et environnement : de l'alerte à la décision*），布辛/沙斯戴尔（Buchet/Chastel）出版社，2015 年。

058 粒子通过类似"特洛伊木马"^①的方式更加轻而易举地越过人体屏障。纳米粒子以这种不易察觉的方式通过人体屏障，脱掉"伪装"，对人体施加各种影响。并非所有的纳米粒子都具有毒性，但部分特性却令人担忧。纳米粒子的表面在穿过屏障时，扮演了至关重要的角色。

另外一个关键元素在分析纳米粒子对健康威胁的评估问题上具有决定性意义，那就是纳米粒子在人体器官沉积、存留的能力，即使这种情况出现的比例很低。

自从出现了煤矿中的硅引起的健康危机、石棉造成的公共卫生丑闻之后，人们已经知道化学物质长期积聚可以导致各种严重的疾病，比如硅沉着病、肺癌、胸膜癌等。在日常暴露在纳米微粒的环境下，即使剂量较少，也应该考虑到可能出现类似问题，这种威胁对于某些生产者和大量消费者都同样存在。

当前对纳米科技的了解还不足以对其可能产生的威

---

① 在古希腊传说中，希腊军队围困特洛伊城时佯装撤退，留下内部隐藏着伏兵的巨大木马，特洛伊城守军把木马作为战利品运入城中。木马里的伏兵趁夜深人静之时打开城门，希腊军队里应外合攻陷特洛伊城。本文是喻指纳米粒子通过被巨噬细胞或者派尔集合淋巴结等免疫细胞吞噬的途径侵入人体的行为。——译者注

胁做出定论，关于纳米粒子和人类健康之间关系的研究工作需要各个领域通力合作。计量学家、化学家、毒理学家应该携起手来，一方面需要对纳米粒子的生物学特性加以深入认识，另一方面需要制定适当的法律策略，保护人类、保护环境。

第4章
纳米医学与纳米药物：现实还是幻想？

生物的身体由细胞组成，一个成年人的身体有数以百万亿计的细胞。每个细胞都是生物分子的组合体，如同一台"纳米机器"，让细胞完成基础运行：获得营养、分裂、移动、与距离或远或近的其他细胞互相作用。这样才能促使机体平衡，达到克洛德·贝尔纳（Claude Bernard）[①] 所称的"内环境稳定"（Homéostasie）状态。每个细胞如同一座迷你工厂，使用蛋白质、核酸、脂类、糖类这些基本组成部分，在纳米层级上组织、构建复杂的结构。

[①] 克洛德·贝尔纳（Claude Bernard，1813—1878），法国生理学家，被誉为"最伟大的科学家之一"。他率先确立双盲试验原则以确保试验的客观性，也是定义"内环境"的第一人。——译者注

纳米层级与生物天衣无缝的匹配

直到出现了电子显微镜之后，人们才对细胞有了进一步的认识。细胞如同生物"纳米机器"。从 1950 年开始发现细胞的复杂性，逐步深入认识了细胞的运行方式。实际例子不胜枚举。在细胞核中，由于辐射或者导致变异的化学产品的影响，染色体的 DNA 被损坏，而在纳米层级运行的蛋白质经过复杂组装后，可以修复这些受损的 DNA。在纳米层级上的"细胞发动机"是细胞内部运动的源泉，这些运动可以让肌肉收缩，使神经介质沿着神经上的神经元传递。其中，最让人印象深刻的例子是携带遗传信息的染色体在细胞分裂过程中表现出来的活力，这是对生物来说至关重要的活动。一部纪录片中展示了该过程，观众看到染色体剧烈地扭动、聚集，然后移动到细胞内部的中线上紧密地排成一排。这些染色体短暂停顿，然后分成两组，向细胞的两端分开。接着，细胞分裂成两组含有相同数量染色体的子细胞，原则上来说这两组子细胞里的遗传信息完全一致。纳米医学就是从这种自然生物现象的观察中诞生的：为什么不能模仿生物活动、使用纳米层级上的生物特性进行治疗呢？

依靠显微镜诞生的细胞生物学

在 17 世纪安东尼·范·列文虎克（Antoni Van Leeu-
wenhoek）发明光学显微镜之前，人类只能用肉眼观察物
体。用显微镜观察细胞标志着人类对生物知识的巨大进
步。列文虎克是荷兰的一名呢绒商人，他把各种镜片组
合使用观察生物体，于是发现了显微镜下的全新世界。
列文虎克在湖中取出一滴水在显微镜下观察，把看到的
那些蠕蠕而动的生物称为"微型动物"（animalcule），他
也是第一个观察并且向世人介绍精子的人。他把显微镜
下观察到的东西画下来，其画作真实、精确。

17 世纪时的另一位英国伦敦的学者罗伯特·胡克
（Robert Hooke）提出了"细胞"（cellule）这个名词。他
凭借改良后的显微镜，观察一段软木切片，很吃惊地发
现了一种特殊结构——细胞结构：仿佛由水泥粘在一起
的一间间斗室，让他联想到了修道院里的单人寝室①。光
学显微镜促进了组织学（纤维解剖学）、解剖病理学的发

---

① 身为英国人的罗伯特·胡克此时想到的词应该是"cell"，该
词原有"小室"之意，他则为这个词增加了另一层含义 "细
胞"。——译者注

展，在三个多世纪之后，人类仍然使用显微镜观察、描述健康与患病的组织。

纳米医学工具对生物特性的利用

纳米医学指的是把纳米科技应用于生物体，以便诊断、治疗，甚至修复患病器官。这门新兴医学在跨学科研究的基础上发展起来，涉及的学科有生物学、药理学、化学、物理学、材料科学、临床医学。纳米医学前景广阔，将来诞生的新型药物会更加有针对性，使用效果更明显的靶向治疗，不会出现由活性分子导致的不良反应。如果说活性分子能够致使患者产生不良反应的话，那么，靶向治疗的益处显而易见。纳米医学另外的应用涉及提供新型诊断工具，这些诊断工具可以检测到分子水平的改变以及致病和促使疾病发展的细胞变化。最近二十年影像学检查技术突飞猛进，为了获得更加清晰的脏器影像，CT、磁共振成像（MRI）已经使用了纳米技术。

20 世纪末，纳米医学似乎能够解决传统的医疗问题。在传统医学中，口服或者注射药物后，药物进入体内后不会区分患病脏器与健康脏器，而是进行全面"扫荡"，这样导致实际效率低下，而且可能给健康器官造成不利影响。在纳米医学中，活性分子被放置在可生物分解的纳米胶囊内，与活性分子连在一起的还有生物分子，以及能够定位患病器官或者患病细胞的蛋白质。在注射入体内之后，纳米胶囊随着血液循环，流经机体各处。纳米胶囊通过独有的运行方法与传输模式认出患病细胞，然后进入患病细胞深处，释放药物。这样，可以进入患病细胞治疗或者摧毁患病细胞。

这是药理学家梦寐以求实现的理想蓝图，通过这种方式，在使用毒性强的药物时不会出现不良反应，比如在化疗治疗癌症期间出现的副作用。可以看到，大分子、生物分子组合、纳米粒子团块的大小相似，这点非常重要。另外，科研人员还想象，在出现分子异常的情况下使用纳米粒子作为警报，甚至进一步在初期阶段阻止病态分子出现异常情况。21 世纪初，虽然纳米医学这门新兴学科的少数应用已经诞生，但大多数构想仍然停留在设想阶段。当然，从实验室细胞培养的试验阶段到人体实际应用阶段之间困难重重，相当一部分设想会胎死腹中。此外，值得注意的是，前文中所提的纳米胶囊在释放了内容物之后会如何演变？会不会给人体造成长期影响？这些都需要仔细斟酌应用的收益 - 风险评估。如果人们不够谨慎，可能会导致不良后果。谁知道这种看似完美无瑕的新科技会不会催生不为人知的新问题呢？

纳米药物——对抗癌细胞的武器

当前，作为药物的载体是纳米医学最有前途，同时也是最先进的应用。在药物产品市场上已经出现了纳米载体，原材料是没有毒性、可以生物降解的聚合物。这些产品往往是结合了抗癌药物的纳米球，外部包裹着特殊分子，在免疫系统面前"隐身"。移植在其表面上的蛋白质，能够使纳米载体直接向目标前进。

这种抗癌化疗策略的益处何在呢？抗癌药物虽然对杀灭癌细胞非常有效，但对正常人体来说同样属于剧毒药物。因为这种药物的作用机理针对的是癌细胞活跃的基础——细胞分裂。很多药物阻止癌细胞增殖，也就是阻止肿瘤的发展。但是，所有正常器官的细胞也要分裂，新生细胞要代替衰老死亡的细胞。比如，血液中的红细胞前体细胞和白细胞前体细胞就是很好的例子。这种传统抗癌药物导致贫血、免疫能力低下，降低人体抗感染能力，还会引起不良的副作用，如恶心、脱发、劳累。发明纳米载体的指导思想是，在纳米载体的表面贴上只有癌细胞才能"识别"的"标签"，于是药物直接作用于癌细胞，而不影响其他细胞。这种策略能够防止传统药物在体内运输过程中降解丢失，而且在血液中输送的时候不会与正常组织产生反应。

纳米粒子组成的胶囊表面被腐蚀，或者药物有效成分穿过组成纳米胶囊的聚合物，药物就从胶囊中释放出来了。现在，这种通过可控制纳米聚合物载体释放药物的市场每年估值达到 600 亿美元，每年有超过 1 亿人使用这种药物。该系统被称作"纳米释放系统"（NDS），通过这种可控制释放药物的方式，可以让小剂量药物持续发挥药效。

另一种药物运送系统的发明灵感来自美容化妆品。很多人都看过宣传"抗衰老"面霜的广告，广告宣称该产品使用了对皮肤来说穿透力强劲的纳米脂质体运送有效成分！这种纳米脂质体的外层是模仿生物体细胞膜的磷脂双分子层，当它们与人体细胞膜接触时，二者可以轻松地融合在一起，于是纳米脂质体内包裹的成分自然而然地释放出来。这种材料还可以用于运送药物有效成分、医疗影像的显影剂成分。不过，这种脂质体并不可靠，而且封装容量低、稳定性差，生产时容易损坏，容易在血液中提前释放携带的药物有效成分——因为在血液循环中的酶会攻击这些脂质体，使它们损坏，导致脂质体无法在恰当的地方释放携带的药物。美国食品药品监督管理局（FDA）首次批准使用脂质体作为载体的药物是脂质体阿霉素，用于治疗艾滋病和卡波西（Kaposi）肉瘤。

非有机纳米粒子，尤其是包含金属成分的纳米粒子很快获得制药业的青睐，因为这类纳米粒子的天然属性可以用于治疗或者诊断。比如，使用"量子点"与磁性纳米粒子在磁共振成像中作为造影剂。这些纳米粒子实际上是含有金属晶体的聚合体，比如含有氧化铁、氧化镉。后来，由于量子点等纳米粒子毒性太强，制药业放弃了这些材料。不过，氧化铁纳米粒子仍然可以提供非常有价值的应用。温热疗法的原理是利用具备磁性的纳米粒子在机体局部产生高温，可以通过直接注射的方法把纳米粒子注射到肿瘤内部，于是肿瘤暴露在磁场中，磁场促使纳米粒子发热，杀死肿瘤细胞，而且这种方法只会消灭肿瘤细胞。此外，这些纳米粒子也可以对红外线做出反应，局部发热，烧死肿瘤细胞。上述部分治疗方法已经获得批准，并且投入化疗使用。这些治疗方法引起了高度关注，因为它可以大幅度提高电离辐射对目标癌细胞的作用。当然，此类疗法是否如实验室声称的那么有效，还需要时间来检验。

纳米科技、诊断、医学影像：突发革命还是渐变演化？

纳米科技在医学诊断领域中的应用研究突飞猛进，因为通常使用的传统化验分析规程耗时漫长，而且需要大量技术过硬的专业人员，所以价格不菲。最近二十年来，实验室的医疗化验分析有了翻天覆地的变化，自动化程度大大提高：如今通过自动装置可以在极短时间内同时化验分析大量标本。该领域的另一大挑战是"微型化"。怎样在减少采集的生物标本体积、减少测定量中的有效活性成分的前提下，迅速得出令人满意的结果呢？这项技术成功后，对于实验室和患者来说，都会节约大量成本。部分侵入性检查会带来痛苦，如果这项技术能够限制侵入性检查次数，那么，对于患者来说不啻一大福音。

微电子技术与纳米科技结合使用可以开发出高速微型系统，能够连续检测大量样本。现在，科研人员正在开发"芯片实验室"，该技术能够凭借一份极其微小的生物材料做出大量的检测。比如，今天的实验室可以通过总量微小的样本检测出基因组。警方的检验专家使用这种方法，通过分析一根头发或者指纹上的 DNA，与齐全的遗传信息档案对比后，锁定罪犯。人类学家也使用这种方法分析数百万年前骨骼上的 DNA 痕迹，研究史前人类的演化过程。

在医学领域，纳米科技的应用种类繁多，由此诞生了个性化医疗的概念。不仅可以通过微量血液早期诊断胎儿或者婴儿体内的遗传性疾病，然后做出治疗决定；还可以通过肿瘤活检方法，采集微量组织后分析基因异常，对部分癌症实施靶向治疗。比如，针对乳腺癌和肺癌的化疗，可以根据肿瘤起源的基因性质变化来采取不同的应对策略。

这种微型实验室的大小不会超过一张邮票，能够在病床前为在家中或者医院里的患者做出化验分析，节省大量的治疗时间。个性化医疗必然是未来医疗的发展方向，需要坚固耐用、质量可靠、使用方便、价格低廉的医疗原材料。目前，距离实现梦想的道路还很漫长！

医疗影像领域已经出现了革命性变化，现在已经使用各种新方法进行活体观察。部分方法处在试验阶段，部分方法已经在医院和医学影像中心实际使用，通过这些新方法可以更加清晰地看到内脏器官。磁共振成像技术在近些年得到广泛应用，这项技术通过注射造影剂能够在分子水平上呈现影像。造影剂往往都是纳米层级的物质——钆螯合物、超顺磁性纳米粒子。最新一代的造影剂中，超顺磁氧化铁纳米粒子（SPIOs）是最具特色、应用最广泛的一种。其他种类的纳米粒子也在研发中，目的是能够在医疗成像时展现更加细致的图像。尽管上文提到的科技研发费用高昂，但若研发成功，必然会在医疗领域中掀起巨变，因为这些科技应用能够在疾病萌发之初将其扼杀。理想的情况是在纳米载体上放置造影剂和药物的结合体。影像技术能够让医生了解药物是否集中在患病器官上，有没有分散到四面八方。这类科技应用在肿瘤治疗中一定大有裨益！

纳米科技还有大量正处于实验室研发阶段的应用。部分此类商品已经进入市场，甚至可以植入人体了。比如，可以在人体植入纳米泵，通过传感器让纳米泵释放特定的药物；甚至可以把纳米泵植入大脑，让纳米泵中的药物在治疗区域附近释放，或者在特定时刻释放胰岛素等药物。

纳米科技会为医疗带来巨大变化，给予人们莫大的希望。但是，梦想能走进现实吗？从走出试验阶段到走入医院或者检验机构的日常应用，两者之间依然存在着重重障碍。2015 年，法国在法律条文中明确规定个性化医疗离不开纳米医学的发展，最终希望能够跟踪每一位患者的生物参数，实时传输给主治医生或者医疗机构。

从"修复人"到"强化人"

纳米科技在医学领域的一大重要应用就是所谓的"修复"，也就是说通过植入人造器官完善甚至代替受损的器官①，而且植入的人造器官、假肢会比原来的器官与肢体更加坚固结实、适应环境。

这种医疗方法引起了大家的兴趣，为医学带来无限的希望。人类是否能够避免患上阿尔茨海默病，免于逐渐失去认知功能的命运呢？现代医学已经能够把微型电极植入大脑中治疗帕金森病，将来是否会用纳米电极取代微型电极治疗该病呢？

另一种充满希望的纳米科技应用是结合生物科技与

---

① 帕特里克·布瓦索（Patrick Boisseau）：《纳米医学与医疗纳米科技》（*Nanomédecine et nanotechnologies pour la médecine*），载《纳米科学、纳米科技，演化还是革命？》，让-米歇尔·鲁尔特兹、马塞尔·拉玛尼、克莱尔·都巴-阿拜尔兰、帕特里斯·艾思铎主编，贝兰出版社，2014 年，第 224—253 页。

纳米科技修复受损器官。比如，结合干细胞[①]与植入器官的纳米网络，以便修复并生长出"新"组织。把能够自我组装、刺激组织再生的分子以纳米纤维形式注射入脊髓，那么，脊髓中的受损神经元能够以同样的方式获得"修复"。

人们已经看到了纳米科技在新型医疗方面的应用，但很多人并不满足于此，而是希望走得更远。既然纳米科技能够修复有缺陷的器官和受损器官，为什么不能让它发挥更大的作用来增强人类固有的能力呢？这种"强化人"的概念似乎属于科学幻想，但科学界对此非常重视，尤其在美国。2002年，美国的国家科学基金会（NSF）撰写了一份科学报告，建议把生物科技的最新发现应用于大脑，以提高大脑的能力。[②]这种理念已经属于超人类主义的思想范畴了。超人类主义是美国的思想潮流，宣扬使用科学技术增强人类体力与脑力的权利，目的是超越生物限制，促使人类繁荣发展，让人类变得更加优秀，

[①] 干细胞是原始未特化的细胞，它们没有充分分化，具有再生功能，具备分裂成各种不同细胞的潜力。——译者注

[②]《增强人类能力的科技总汇》（*Technologies convergentes pour l'amélioration de la performance humaine*），国家科学基金会（NSF）报告，2002年6月。

根除人类衰老的现象。在超人类主义的设想中，采用纳米科技的方式仿佛有几分疯狂，但谷歌公司的确已经开始行动起来了。2013 年创建的卡利科（Calico）公司联合研究中心，专注开发这项未来主义十足同时令人心存畏惧的项目。植入机体的纳米机器可以持续跟踪发送众多血液参数，一旦发现某些参数偏离正常范围就会发出警报。对有患病风险患者的跟踪随诊业务来说，这是一个完美的方案。如果这种跟踪技术全面发展，扩展到对其他数据的跟踪，比如在职业领域的跟踪，那又会变成什么样子呢？

可见，科技发展虽然益处良多，但需要在一定的监督控制下发展。如果同时收集各种其他有损于他人的数据的话，恐怕会对个体自由造成威胁。从这些已经观察到的情况起步，各个国家的及国际的与伦理相关的委员会应该从今天开始认真考虑即将面临的问题。

第5章
公众舆论中的纳米技术

20世纪末，纳米科技的发展为公众展示了各种可能性，激起了公众的激情与希望：人们谈论这种科技，它带来的经济革命会带来数十亿美元的价值与数以百万计的工作岗位。但是，对纳米这种科学界神秘新科技的热情，很快转变成公众舆论中各界人士的怀疑，尤其明显的是一些协会表现出的不信任。科学家和大型企业操纵这种极度微小的物体，改变人们的日常生活，应该怎样看待纳米科技的问题呢？能否公正地评估隐藏在背后的潜在危险？人类是否真的需要这项科技？纳米科技的确能带来进步吗？人们担心会出现一种不受控制的科技，从而带来恶果。不要忘记，当前人们还在激烈地争论转基因产品（OGM），讨论通过改造生物基因组制造的转基因产品可能给生物圈带来的危险。一些人认为纳米科技与转基因产品很类似，它们都能够进入生物体，并且给机体带来影响与改变。伦理学问题和个人自由问题被摆到桌面上来。通过检查生物基本活动，纳米芯片能够得到并储存海量的医学数据以持续监测人体的健康状况，这的确是个性化医疗的巨大进步，但这种科技会不会在他人不知情的条件下用于监视呢？"修复"人体会不会带来一些无法控制的后果呢？

关于纳米科技的各种讨论始于美国，研发纳米科技的美国大学对这种科技带来的社会后果发出疑问。美国的国家科学基金会组织研讨会，希望对发展可控纳米科技提出指导建议。欧洲也迅速跟进，21 世纪初开始在欧洲组织各种论坛，邀请社会学家和非政府组织参加。[1] 最后得出的报告往往篇幅冗长，讨论结果相互矛盾。接下来，人文科学的学者也开始关注这一主题。2003 年，达姆施塔特大学和南卡罗来纳大学的哲学系出版了一部名

---

①《面向纳米科技的欧洲战略》（*Vers une stratégie européenne en faveur des nanotechnologies*），欧盟委员会（EC）通告，2004 年 5 月。

为《发现纳米层级》[①] 的作品，目的是思考建立一种参与型民主的模式，让人们能够共同决定优先进行哪些关乎未来命运的科学研究。

不同的世界彼此对抗

在法国格勒诺布尔市建立的名为"零件与劳动力"的抗议性协会指责现今社会选择发展的新型科技，在遭到指责的对象中，纳米科技首当其冲。这之后，从 2003 年开始，社会上真正出现了关于纳米科技的讨论。在法国原子能和替代能源委员会（CEA）以及格勒诺布尔市的大力支持下，当时正在建设微型与纳米科技科研中心。可能因为出现了抗议的声音，法国国家科学研究中心（CNRS）的伦理规范委员会在 2003 年年末提交了议案，反思纳米科技带来的社会影响，避免科学界与普通民众之间出现鸿沟。该中心下属的众多物理、化学实验室也在寻找纳米科技研究的资金支持，所以这种反思工作显得更加必要。

---

① 戴维斯·贝尔德（Davis Baird）、阿尔弗莱德·诺曼（Alfred Nordmann）、约阿西姆·舒默（Joachim Schummer）：《发现纳米层级》（*Discovering the nanoscale*），IOS 报刊（IOS Press）出版社，2004 年。

2004 年，相关的讨论、争论的浪潮迅速升温，法国多个部委机构如环保部的预防治理委员会（CPP）、卫生环境学院以及环保企业网络工业与技术学院（EPE）组织研讨会，并且上交了多份报告。同时，通过法国自然环境协会（France Nature Environnement）等民间协会和法兰西岛地区议会等组织机构，让公民社会层面也行动起来，参与到讨论中。媒体对这些活动的宣传报道，让这股争论的浪潮变得更加炽热，向公民传递的信息也更加复杂。于是，组织公民宣讲会、鼓励民众参与讨论的想法，渐成气候。

参与型民主

参与型民主起初在北欧国家兴起，目的是让公民参与到政治决策的制定中来。所以，这是一种请广大民众参与国家管理的方式，民众通常以协会的形式给出自己的意见，实施公民权利。丹麦与加拿大定期组织公民会议，具体规则是随机抽取二十几名公民，首先就某一具体议题采访专家与相关人员，然后，请这些公民就该议题回答问题。

在法国，很少组织这类公民会议，1998 年曾经组织过一次关于转基因产品的公民会议。根据那次会议的经验，2006 年 10 月至 2007 年 1 月，法兰西岛大区的地区议会就纳米科技这一主题组织了一次公民会议，讨论纳米科技的危险和可能带来的社会问题。① 法国公众舆论研究所（IFOP）选择了 15 名对纳米科技问题一无所知的法兰西岛大区居民。接下来，他们在三个周末的时间里跟随专家学习，了解相关知识。然后，在公共会议上，他们向相关各方提问，涉及的机构有企业、政府部门、科研人员。在会议结束后，这些居民撰写了一份报告，提交给法兰西岛大区的地区议会议员。他们表示基本赞成发展纳米科技，并且认为毫无疑问，纳米科技能够带来进步，可以为国家在发展的道路上带来希望。不过，他们也阐明了强烈的保留意见："我们不希望生活在一个由'老大哥'② 监视的世界……，绝不应该以牺牲伦理道德为代价获得经济发展……我们希望制订规则，管控纳米科技的发展。其中，纳米粒子可能带来极大的危险，它对

---

① 参见纳米公民专栏（NanoCitoyens），http://espaceprojets. iledefrance.fr。

② "老大哥"是英国著名作家乔治·奥威尔的小说《1984》中创造的一个人物形象，是书中想象的那个极度集权社会的独裁领袖。他可以时刻通过大街上的、每个家庭中的屏幕监视所有公民。——译者注

环境的潜在威胁是现实存在的，我们觉得应该对所居住的地球和生活环境负责。"接下来的一系列建议主要集中在卫生方面，要求各个过程透明、在产品标签上注明成分等信息以及在研究领域的发展建议。最终，与会者希望成立类似生物科技最高议会的咨询机构。

总而言之，这种公民会议突出展示了各方参与的益处，其中很多优秀的看法可以沿用至今。虽然社会有了长足的进步，但可以做的事情依然很多。

全国公开讨论

2009 年 10 月至 2010 年 2 月，法国举行了关于纳米科技的全国公开大讨论。讨论的举行源于 2007 年法国环境问题圆桌会议提出的建议。法国自然环境协会在那次会议上全力以赴争取"让社会更加重视纳米科技带来的健康风险"[1]，同时还提出了另外几条建议。

---

[1] 若泽·康布（José Cambou）、多米尼克·普鲁瓦（Dominique Proy）：《协会联盟在保护环境问题上的立场》（*La position d'une fédération d'associations de protection de l'environnement*），载《纳米毒理学与纳米伦理学》（*Nanotoxicologie et nanoéthique*），马塞尔·拉玛尼（Marcel Lahmani）、弗朗斯琳娜·玛拉诺（Francelyne Marano）、菲利普·胡迪（Philippe Houdy）主编，贝兰出版社，2010 年，第 474—484 页。

○ 除了需要接受特别评估的药物外，面向大
众销售并在使用中直接与身体接触的产品
可以延迟支付；

○ 对市场上已经流通的含有纳米粒子的产品
必须在标签上说明；

○ 设置专门集会空间，组织相关的各个部门
见面。

2009 年 8 月 3 日颁布的格勒纳勒法（*La loi Grenelle*），
建立了由公共讨论国家委员会（CNDP）组织的针对纳米
科技的讨论机制。这个机构通常的任务是推动建设高速公
路、铁路、机场、水坝等国土建设工作，很少组织是否接
受新科技以及新科技带来的社会后果这一类议题的讨论。

在发现了公众对纳米科技及其应用一无所知之后，
公共讨论国家委员会认为，应该把相关知识送到公众面
前，于是该委员会在法国 17 个城市组织了会议。起初，
预计有 10000 人参加会议，但实际上只有 3200 人参会，
通过互联网关注会议的人数也少于预期。为什么公众对
这个话题漠不关心？为什么组织会议的方案遭遇了失败
呢？实际上，委员会从一开始就遇到了很大的阻力，因
为一些坚决反对纳米科技发展的小团体的阻挠，导致很

多会议无法召开或者遭到严重扰乱，以至于法国自然环境协会、工人力量消费者协会（FO Consommateurs）、消费住房与生活环境协会等组织中，那些支持会议的公众无法参加会议，还有一些受邀请参会的机构也无法出席会议，不能在此表达他们各自的观点。

反对者认为这些讨论毫无意义，不过是蒙蔽公众的烟雾弹而已，其实有关部门已经在私下里秘密做出了决定。反对者主张应该彻底停止纳米科技的研发工作，因为进行对话与协商实际上代表了接受与妥协。一些科研工作者本来已经同意对话，可是反对者的立场把他们置于两难的境地。于是，科研工作者只能选择一方阵营，对自己的工作绝口不提。这种自我封闭的方法绝不是让公众接受新兴科技的好方法。

其他不那么激进的协会同样指责这种让公众接受既成事实的不公开透明的做法，谴责各大企业毫无责任心的行事风格。最近的一次全国讨论会上，农产品加工业代表仍然宣称没有使用纳米科技！于是，赞成和反对使用纳米技术的两大阵营彼此不愿对话，形成了两个互相没有交集的世界。

成果与不足

在这里，需要强调取得的两项成果：一是除了寥若晨星的强硬反对派以外，绝大多数人赞同在医学领域应用纳米科技；二是在经济危机的大环境下，纳米科技产业为法国公司带来了大量机会。2010 年，该产业的市场估值为 1 万亿美元，法国在纳米科技的科学研究方面排名世界第五。

众多指责主要集中在不公开透明的问题上。最近五十年来已经出现的石棉、受污染血液等丑闻并没有起到前车之鉴的作用。纳米科技照此发展下去，导致人们可能会在未来迎接一场严重的危机。因此，必须在严守道德准则的前提下，继续相关的科研与应用工作。

公共讨论国家委员会引领的方向，与法国环境协商会议指导的方向以及以前发布的众多报告[1] 完全一致。委员会的建议达到的目的如下："更深刻地了解纳米科技，让公众更加了解这项科技，广泛深入开展研究，更好地评估收益与风险，弥补纳米科技在流行病学、回收利用

---

[1] 参见公共讨论国家委员会、纳米科技公共讨论特别委员会纪要，http://cpdp.debatpublic.fr/cpdp-nano，2010 年 4 月。

中的不足之处，加强对雇员的保护，保证个人与集体自由，对纳米科技的发展制订伦理道德准则。"上述所有的建议都值得赞扬，但在现实中能否发挥作用呢？直至2015年，获得的结果令人喜忧参半。

走向国际通行的标准公约

应该了解为什么人们迅速提出了伦理学问题，甚至创造了"纳米伦理"（nanoétheique）这一词汇。基因控制、试管婴儿等用于人体的新科技已经引起了大量的争议与讨论，其中大量深入地提及科学研究工作伦理以及科学精神问题。纳米科技及其应用的特异之处在哪里呢？

在科技领域，伦理占据特殊的位置。它存在的目的不是批评与查禁，不是向社会表明什么是好什么是坏，而是为相关领域的工作者提供工具，以便他们更加清楚地看清从事的工作，用批评的方式对其做出评估。[1]

---

[1] 科里娜·佩吕雄（Corine Pelluchon）：《伦理与医学，负责任使用纳米科技的哲学坐标》（*Éthique et médecine. Repères philosophiques pour un usage responsable des nanotechnologies*），载《纳米毒理学与纳米伦理学》，马塞尔·拉玛尼、弗朗斯琳娜·玛拉诺、菲利普·胡迪主编，贝兰出版社，2010年，第446—451页。

但是，纳米伦理的特点还在其他地方，纳米伦理要考虑纳米科技（Nanotechnology）和生物科技（Biotechnology）、信息技术（Information Technology）、认知科学（Cognitive Science）的交汇问题。这种概念出现在超人类主义中，美国人将其称为"convergence NBIC"，即纳米科技、生物科技、信息技术、认知科学四大领域结合。让-皮埃尔·迪皮伊（Jean-Pierre Dupuy）认为，这四者的交汇存在一个显著特点："交汇科技"（technologies convergentes）号称能够接替自然与生命，成为生物进化工程师。直至当前，人类的进化过程只是简单的修补而已，在出现不想要的结果或者走入死路时，进化可以自行停止。所以，人类试图尝试担任自然与生物进程中的工程师。人类有能力参与生命的制造过程。[1] 他认为不应该混淆伦理与谨慎两个概念，谨慎是指在小心行事的原则下理性管理风险。当向社会引

---

① 让-皮埃尔·迪皮伊（Jean-Pierre Dupuy）：《纳米科技的伦理挑战》（*Les défis éthiques des nanotechnologies*），载《纳米，承诺与争论》（*Nano, Promesses et Débats*），贝尔纳黛特·邦索德-樊尚（Bernadette Bensaude-Vincent），卡特琳娜·贝什尼克（Catherine Bréchignac），让-马克·格鲁涅（Jean-Marc Grognet）、让-皮埃尔·迪皮伊（Jean-Pierre Dupuy）主编，为了科学责任全面运动的法国协会（Les Cahiers du MURS）出版，2006年，第53—67页。

入我们不了解其潜在风险的新科技时，必须谨慎行事。我们一定要仔细分析受益与风险，新科技可能让人类享受更好的福利，有助于实现人人平等的理想，兼顾可持续发展和环境保护问题。尽管国际社会接受了纳米科技，现在对纳米科技的管理框架正在迅速形成，各项规章制度正在确立，但遗憾的是，纳米科技的实际发展并没有遵守上述规则。

各个国家和国际社会应该思考，"采取什么标准区分生物纳米科技的合法使用与不合法使用？举例来说，使用纳米科技与基因治疗，目的是增强被治疗者的感觉、身体、认知能力。我们可以说这种治疗属于哲学范畴，应该自问这种疗法是否符合建立人类制度的价值观"。[1] 随着相关科技成果的出现，比如让生活更轻松的机器人、改变生物的生物科技能力，这些基本问题将在法国社会浮现出来。在这个可能出现两极化结果的领域里，弗朗索瓦丝·鲁尔（Françoise Roure）的一句话非常符合当前的情况："从伦理学角度看来，通过有力、有效、好学、

---

① 让-皮埃尔·迪皮伊：《纳米科技的伦理挑战》，载《纳米，承诺与争论》，贝尔纳黛特·邦索德－樊尚，卡特琳娜·贝什尼克，让－马克·格鲁涅、让－皮埃尔·迪皮伊主编，为了科学责任全面运动的法国协会出版，2006年，第53—67页。

活跃的前摄性民主控制方式，什么社会将拥有资源与应对能力呢？"①

2008 年，欧盟委员会制订准则，把纳米科学与纳米科技领域的研究限定在规范之内，防止出现偏差。是否实施这些规定，则完全依靠各成员国的意愿。准则里明确提出了研究中个人责任与集体责任的问题，目的是"防止出现危险的同时不要阻碍进步"。很难检查各国是否遵守了准则里的规定，但是，整个社会应该提出这样的问题，即研究本身与研究的实际应用带来了什么好处和潜在危险。纳米科学与纳米科技的例子明确展示出，很有必要找到一种管理形式，可以监控甚至禁止一些实际应用。有一种解决方法是建立协商机构，比如"纳米科技高等理事会"（Haut Conseil des nanotechnologies），在法国国家工作、环境、食品卫生安全局设置的这个理事会，不同领域的相关人士可以共同协商。可以肯定，这样的

---

① 弗朗索瓦丝·鲁尔（Françoise Roure）:《当技术改变社会时，通过纳米科学与纳米技术的社会研究方法》（*Une approche sociétale en nanosciences et nanotechnologies. Lorsque la technique révèle et façonne les sociétés*），载《纳米科学、纳米科技，演化还是革命?》，让 - 米歇尔·鲁尔特兹、马塞尔·拉玛尼、克莱尔·都巴 - 阿拜尔兰、帕特里斯·艾思铎主编，贝兰出版社，2014 年，第 352—395 页。

机构一定会在将来扮演重要角色。

纳米的未来将走向何方？

民间协会代表的广大民众要求制定法律法规管理纳米科技，但始终难以实现。全国大讨论得到的结论在两年时间里仅仅是一纸空文，后来经过民间协会和大企业在小型会议中艰苦的谈判，国家终于下定决心采取行动。

申报

法国是第一个必须申报"大小在 1~100 纳米物质"的生产与进口的国家，这样才能"更好地了解物质在纳米粒子状态下在市场上的情况以及用途，可以更清晰地掌握使用的可追溯性，并且对市场和交易体量有进一步的认识"。2013 年 1 月 1 日开始必须申报，法国国家工作、环境、食品卫生安全局负责登记工作。[①] 这份收集信息的工作十分有效，比如，依据这些信息可以让法国卫生与医学研究院（INSERM）对暴露在纳米材料环境中的工作者开展流行病学研究。其他欧洲国家应该学习法国的这项创举，但目前还没有其他国家制订类似的规定。

---

① 这里是指 R-Nano 登记，参见 www.r-nano.fr/。

标签注明

长久以来人们一直讨论在标签上注明纳米材料相关信息的做法。这是 2014 年年末最后一次环境报告会上的承诺。然而，这种做法遇到的阻力比申报生产和进口纳米产品时遇到的阻力更大。当然，要实现这个承诺，同样的规定至少要在欧洲范围内得以实行才可以，而目前距离这个目标依然很远。

消费者始终不知道购买的产品中是否含有纳米材料。的确，如果消费者对纳米科技一无所知，即使连最肤浅的知识都不具备，那么他们是否有能力选择商品呢？假如没有清晰的解释，在标签上注明相关信息的做法毫无用处。应该仔细考虑，怎样使用标签或者类似的东西让消费者区别哪些商品含有纳米材料、哪些不含有纳米材料。如果在没有明确目的的情况下添加纳米材料，仅仅为了让商品更加吸引人的话，比如往糖果、口香糖、儿童玩具这样的商品里添加纳米材料，那么就应该禁止添加，因为纳米材料并没有给这些商品带来任何实质性的益处。

公民面对科技进步的态度

通过纳米科技短暂的发展历史，我们应该从中获取一些教训，看清楚科学研究与实际应用怎样进入人们的日常生活。我们应该在科学与社会之间建立一种新型关系，充分考虑公民的地位。科研工作者、专家、企业、政治人物、活动分子、代表国家的官员、各级议员、公民，所有相关各方都应该在尊重对方立场的前提下进行充分交流。全国讨论展现出各方协同合作有多么的困难，必须在有足够法律法规保证的框架下组织协作，避免出现无法控制的局面。

纳米科技在技术的外衣下被社会接受，这远远不是单纯的收益 - 风险评估，它包含了社会的选择以及接受改变人类本质的科技的能力。自从 2010 年的法国全国大讨论以来，人们对纳米科技的热情一落千丈，公众对于这种原本令人忧心忡忡的产业丧失了兴趣。各个企业在销售产品时绝不提及产品的负面影响，以免引起恐慌。在此期间，各项科学研究在没有预设必要防线的条件下继续进行。在大型跨国公司中，纳米科技、生物科技、信息技术、认知科学熔为一炉，希望以此制造出更加优秀的未来人类。我们不禁产生这样的疑问：这些企业真的是完全为了治疗遭受苦难的人类吗？他们这么做是彻底地出于大公无私的精神吗？

迎接 21 世纪的诸多挑战已经变得刻不容缓：防治慢性疾病，为全世界的人口供给安全食品，提供可饮用水，对抗全球气候变暖现象。在广阔的舞台上，纳米科技的革新拥有展示自我的一席之地，但前提是必须防止纳米科技偏离正轨。

"使用问题反映出使用目的，而目的本身能够唤醒一个国家的道德、政治、传统的源泉。"①

---

① 科里娜·佩吕雄：《伦理与医学，负责任使用纳米科技的哲学坐标》，载《纳米毒理学与纳米伦理学》，马塞尔·拉玛尼、弗朗斯琳娜·玛拉诺、菲利普·胡迪主编，贝兰出版社，2010 年，第446—451 页。

参考文献

I. 引用的书籍与期刊

1. 贝尔德·戴维斯（Baird Davis）、诺曼·阿尔弗莱德（Nordmann Alfred）、舒默·约阿西姆（Schummer Joachim）：《发现纳米层级》（*Discovering the nanoscale*），IOS 报刊（IOS Press）出版社，2004 年。

2. 帕特里克·布瓦索（Patrick Boisseau）：《纳米医学与医疗纳米科技》（*Nanomédecine et nanotechnologies pour la médecine*），载《纳米科学、纳米科技，演化还是革命？》（*Nanosciences et nanotechnologies. Évolution ou révolution ?*），让-米歇尔·鲁尔特兹（Jean-Michel Lourtioz）、马塞尔·拉玛尼（Marcel Lahmani）、克莱尔·都巴-阿拜尔兰（Claire Dupas-Haeberlin）、帕特里斯·艾思铎（Patrice Hesto）主编，贝兰（Belin）出版社，2014 年，第 224—253 页。

3. 若泽·康布（José Cambou）、多米尼克·普鲁瓦（Dominique Proy）：《协会联盟在保护环境问题上的立场》（*La position d'une fédération d'associations de protection*

de l'environnement），载《纳米毒理学与纳米伦理学》
（*Nanotoxicologie et nanoéthique*），马塞尔·拉玛尼（Marcel Lahmani）、弗朗斯琳娜·玛拉诺（Francelyne Marano）、菲利普·胡迪（Philippe Houdy）主编，贝兰（Belin）出版社，2010年，第474—484页。

4. 迈克尔·克莱顿（Michael Crichton）：《猎物》（*La Proie*），罗贝尔·拉丰（Robert Laffont）出版社，2003年。

5. 让-皮埃尔·迪皮伊（Jean-Pierre Dupuy）：《纳米科技的伦理挑战》（*Les défis éthiques des nanotechnologies*），载《纳米，承诺与争论》（*Nano, Promesses et Débats*），贝尔纳黛特·邦索德-樊尚（Bernadette Bensaude-Vincent），卡特琳娜·贝什尼克（Catherine,Bréchignac），让-马克·格鲁涅（Jean-marc Grognet）、让-皮埃尔·迪皮伊（Jean-Pierre Dupuy）主编，为了科学责任全面运动的法国协会（Les Cahiers du MURS）出版，2006年，第53—67页。

6. 路易·洛朗（Louis Laurent）：《纳米层级》（*L'échelle nano*），载《纳米科学、纳米科技，演化还是革命？》（*Nanosciences et nanotechnologies. Évolution ou révolution ?*），让-米歇尔·鲁尔特兹（Jean-Michel Lourtioz）、马塞尔·拉玛尼（Marcel Lahmani）、克莱尔·都巴-阿拜尔兰（Claire Dupas-Haeberlin）与帕特里斯·艾思铎（Patrice Hesto）著，

贝兰（Belin）出版社，2014 年，第 20—36 页。

7. 弗 朗 斯 琳 娜 · 玛 拉 诺（Francelyne Marano）、罗贝尔·巴鲁奇（Robert Barouki）、德尼·茨米卢（Denis Zmirou）：《毒性？健康与环境：从警报到决断》（*Toxique？Santé et environnement : de l'alerte à la décision*），布辛 / 沙斯戴尔（Buchet/Chastel）出版社，2015 年。

8. 弗朗斯琳娜 · 玛拉诺（Francelyne Marano）、莉娜·瓜达尼尼（Rina Guadagnini）：《纳米材料对健康的影响我们知道什么？》（*Que sait-on des impacts sanitaires des nanomatériaux sur la santé？*），载《纳米科学、纳米科技，演化还是革命？》（*Nanosciences et nanotechnologies. Évolution ou révolution？*），让 - 米歇尔·鲁尔特兹（Jean-Michel Lourtioz）、马塞尔·拉玛尼（Marcel Lahmani）、克莱尔·都巴 - 阿拜尔兰（Claire Dupas-Haeberlin）、帕特里斯·艾思铎（Patrice Hesto）主编，贝兰（Belin）出版社，2014 年，第 272—285 页。

9. 科里娜 · 佩吕雄（Corine Pelluchon）：《伦理与医学，负责任使用纳米科技的哲学坐标》（*Éthique et médecine. Repères philosophiques pour un usage responsable des nanotechnologies*），载《纳米毒理学与纳米伦理学》（*Nanotoxicologie et nanoéthique*），马塞尔·拉玛尼（Marcel

Lahmani）、弗朗斯琳娜·玛拉诺（Francelyne Marano）、菲利普·胡迪（Philippe Houdy）主编，贝兰（Belin）出版社，2010年，第446—451页。

10. 弗朗索瓦丝·鲁尔（Françoise Roure）：《当技术改变社会时，通过纳米科学与纳米技术的社会研究方法》（ *Une approche sociétale en nanosciences et nanotechnologies. Lorsque la technique révèle et façonne les sociétés* ），载《纳米科学、纳米科技，演化还是革命？》（ *Nanosciences et nanotechnologies. Évolution ou révolution ?* ），让-米歇尔·鲁尔特兹（Jean-Michel Lourtioz）、马塞尔·拉玛尼（Marcel Lahmani）、克莱尔·都巴-阿拜尔兰（Claire Dupas-Haeberlin）、帕特里斯·艾思铎（Patrice Hesto）主编，贝兰（Belin）出版社，2014年，第352—395页。

II. 网站

1.http://eur-ex.europa.eu/LexUriServ/LexUriServ.do?uri=OJ:L:2011:275:0038:0040:FR:PDF（纳米材料在欧洲的定义）

2.www.meteofrance.fr/climat-passe-et-futur/impacts-du-changement-climatique-sur-les-phenomenes-hydrometeorologiques/changement-climatique-et-feux-de-forets

3.www.nanotechproject.org/inventories/（包含纳米材料产品的清单）

4.http://veillenanos.fr/wakka.php（监督纳米科技的网站，由埃维森协会 [Avicenn] 制作）

5.http://espaceprojets.iledefrance.fr（"纳米公民"的页面）

6.www.nanotechia.org/activities/responsible-nano-code

7.www.r-nano.fr/（昂斯，含纳米材料的清单）

8.www.etp-nanomedicine.eu/public（欧洲纳米医疗的平台）

III. 报告

1.《人类与动物食物中的纳米科技与纳米粒子》（*Nanotechnologies et nanoparticules dans l'alimentation humaine et animale*），法国食品卫生安全局（AFSSA）报告，2009 年 3 月。

2.《关于二氧化钛纳米粒子、氧化锌纳米粒子在化妆品中对皮肤渗透、基因毒性、致癌方面的认知》（*État des connaissances relatif aux nanoparticules de dioxyde de titane et d'oxyde de zinc dans les produits cosmétiques en termes de pénétration cutanée, de génotoxicité et de cancérogénèse*），健康产品与药品安全国家管理局（ANSM）报告，2011

年 3 月。

3.《纳米材料相关风险评估，以及关键和知识更新》（ *Évaluation des risques liés aux nanomatériaux. Enjeux et mise à jour des connaissances* ），法国国家工作、环境、食品卫生安全局（ANSES）集体鉴定报告，2014 年 4 月。

4.《纳米科技与食品》（ *Nanotechnologies et alimentation* ），2009—2010 年纳米科技全国公开讨论的各方观点纪要，全国食品工业协会（ANIA），2009 年。

5. 公共讨论国家委员会（CNDP）、纳米科技公共讨论特别委员会（Commission particulière du débat public Nanotechnologies）纪要，2010 年 4 月，参见 http://cpdp. debatpublic.fr/cpdp-nano。

6.《纳米科技、纳米粒子：什么危险？何种风险？》（ *Nanotechnologies, nanoparticules : quels dangers, quels risques ?* ），可持续发展与环境部（Ministère de l'Écologie et du Développement durable ）报告，环保部预防治理委员会（CPP），2006 年 5 月。

7.《走向纳米科技欧洲战略》（ *Vers une stratégie européenne en faveur des nanotechnologies* ），欧盟委员会（ *Commission des communautés européennes* ）公告，2004 年 5 月。

8.《关于人工生产纳米粒子的风险》（*Risques liés aux nanoparticules manufacturées*），科技研究院（Académie des technologies）通告，勒马努斯克里（Le Manuscrit）出版社，2012 年。

9.《纳米科技 2001：市场情况报告》（*Nanotechnology 2011 : State of the Market Reports*），卢克斯研究公司（Lux Research）报告，2011 年。

10.《法国中小企业生产、使用、转化纳米材料的情况》（*Production, utilisation et transformation des nanomatériaux dans les PME françaises*），纳米产品质量方案（Nanomet）方案报告，2014 年 9 月。

11.《增强人类能力的科技总汇》（*Technologies convergentes pour l'amélioration de la performance humaine*），国家科学基金会（NSF）报告，2002 年 6 月。

致谢

　　我在此对瓦莱丽·让德罗（Valérie Gendreau）与克里斯泰勒·封丹（Christelle Fontaine）表示诚挚的谢意，感谢她们认真阅读了我的手稿并提出了宝贵意见。

绿色发展通识丛书 · 书目